电子信息科学与工程类专业系列教材

基于 HAL 库的 STM32F1
开发实践教程

主　编◎张宝译

副主编◎徐连诚　牛　奔　翟临博　武海波

电子工业出版社

Publishing House of Electronics Industry

北京•BEIJING

内 容 简 介

本书以 STM32CubeMX（简称 CubeMX）软件和 MDK-ARM 软件为开发工具，以微控制器（MCU）型号为 STM32F103VET6 的开发板为例，全面介绍了 CubeMX 软件的开发方式和 HAL 库的应用，包括 STM32F103 常用外设的配置、编程使用和 CubeMX 软件的使用。

本书内容全面，讲解由浅入深，实例丰富，可读性好，实用性强。本书通过项目驱动的方式，能加强读者对所学知识的理解，强化自身分析问题、解决问题的能力。

本书适合 STM32 初学者，以及从事嵌入式系统开发的工程技术人员阅读和参考，也可作为高等学校相关专业的教材使用。

图书在版编目（CIP）数据

基于 HAL 库的 STM32F1 开发实践教程 / 张宝译主编. —北京：电子工业出版社，2023.12

ISBN 978-7-121-46778-3

Ⅰ. ①基… Ⅱ. ①张… Ⅲ. ①微控制器－系统开发－教材 Ⅳ. ①TP368.1

中国国家版本馆 CIP 数据核字（2023）第 228878 号

责任编辑：杜　军

印　　刷：北京盛通数码印刷有限公司

装　　订：北京盛通数码印刷有限公司

出版发行：电子工业出版社

　　　　　北京市海淀区万寿路 173 信箱　　　邮编：100036

开　　本：787×1092　　1/16　　印张：14.75　　字数：396 千字

版　　次：2023 年 12 月第 1 版

印　　次：2025 年 2 月第 3 次印刷

定　　价：49.00 元

前　言

Preface

STM32 系列微控制器（MCU）在国内的应用非常广泛。2014 年，意法半导体公司（ST公司）推出了 HAL 库和 MCU 图形化配置软件 CubeMX。随着 ST 公司逐步抛弃了早期的标准外设库，现在许多新的型号只提供 HAL 固件库。目前，市面上介绍 STM32 开发的图书，很大部分仍然采用标准外设库的开发方式，因此指导用户（特别是初学者）掌握基于 CubeMX及 HAL 库的开发方式显得格外重要和紧迫。

本书共分 11 章：

第 1 章为嵌入式系统概述，包括嵌入式系统的定义、嵌入式系统的特点、嵌入式系统与通用计算机系统的比较、嵌入式系统的基本分类、嵌入式系统的应用领域、嵌入式处理芯片。

第 2 章为 ARM 处理器与 STM32 微控制器，包括 ARM 公司简介、ARM 处理器简介、Cortex-M3 处理器、STM32 微控制器、STM32 芯片的结构、存储区映射。

第 3 章为开发环境及硬件平台，包括系统设计、STM32 固件库、CubeMX 软件、MDK-ARM软件、硬件开发平台、创建一个工程模板、下载程序。本章重点介绍了利用 HAL 库新建一个工程，并利用串口下载程序到开发板上的方法及详细步骤。

第 4 章为使用 CubeMX 软件生成开发项目，包括 CubeMX 软件使用介绍、CubeMX 软件窗口界面描述。本章以第 3 章所讲工程任务为目标，举例说明了如何上手 CubeMX 软件，并说明了新建一个工程的思路、操作步骤，之后介绍了 CubeMX 软件各窗口界面。

第 5 章为通用输入输出口（GPIO），包括 GPIO 概述、GPIO 内部结构、GPIO 工作模式、GPIO 输出速度、复用功能重映射、GPIO 寄存器、GPIO 的 HAL 驱动、GPIO 实例。本章分别以流水灯和按键为例，讲解了如何设置软件中的相关参数，并分析了相关代码。

第 6 章为中断系统，包括中断概述、STM32F103 系列微控制器的中断系统、中断设置相关 HAL 驱动程序、STM32F103 系列微控制器的外部中断/事件控制器、外部中断相关的 HAL驱动函数、外部中断实例。本章介绍了中断相关的 HAL 驱动程序，详细介绍了外部中断，并以中断触发按键为例进行了实例分析与讲解。

第 7 章为定时器，包括定时器概述、基本定时器、通用定时器、高级定时器、定时器相关的 HAL 驱动、定时器功能实例。本章介绍了所有定时器的功能特点，然后介绍了其结构原理和使用，并以两个例子介绍了定时器的基本定时功能和输出 PWM 功能的应用。

第 8 章为串行通信接口 USART，包括数据通信的基本概念、USART 工作原理、USART 相关的 HAL 驱动、串口通信实例。

第 9 章为模拟数字转换器，包括 ADC 概述、STM32F103 系列微控制器的 ADC 工作原理、ADC 相关的 HAL 驱动、ADC 应用实例。

第 10 章为 IIC 通信，包括 IIC 通信原理、STM32F103 系列微控制器的 IIC 接口、软件 IIC 驱动、IIC 应用实例。

第 11 章为直接存储器访问，包括 DMA 基本概述、STM32F103 系列微控制器的 DMA 工作原理、DMA 相关的 HAL 驱动、DMA 相关功能实例。本章着重介绍了 STM32F103 微控制器的 DMA 工作原理、DMA 相关的 HAL 驱动，最后通过一个实例介绍了如何配置使用 DMA。

在书中介绍具体外设或知识点时，我们会先介绍相关技术原理和相关的 HAL 驱动程序，然后通过具体实例演示功能的实现，使所有实例的代码均在开发板上验证通过。本书侧重于应用软件编程，对 STM32 内部的硬件结构和存储器只是做了简单介绍，这也是为了解释分析 HAL 驱动程序的工作原理，重点在于指导读者如何使用 CubeMX 软件进行配置，如何使用 HAL 库驱动程序编写应用软件实现相关功能。

本书主编张宝译编写第 5 章至第 11 章，副主编徐连诚编写第 1、2 章，副主编牛奔编写第 3、4 章，副主编翟临博、武海波整理各章实例程序代码。

本书注重对学生实践能力的培养，对于单片机课程来说，实践能力是衡量学生是否真正达到社会用人需求的重要指标。学生不但要对基础知识有深刻的认识，同时应具备相应的实践能力。

编者力求将实践与理论相结合，编写一本容易被学生接受的教材，由于编者水平有限，并且当今单片机技术发展日新月异，书中难免存在不足之处，敬请读者指正。

编 者

目　录

Contents

第 1 章

嵌入式系统概述

本章主要介绍嵌入式系统的定义、特点，并对嵌入式系统与通用计算机系统进行简要比较；列举嵌入式系统的应用领域，并对嵌入式芯片做简要概括。希望读者通过本章对嵌入式系统有一个基本的了解。

1.1 嵌入式系统的定义

目前，嵌入式系统广泛应用于各种领域，它的身影几乎无处不在。例如，手机、打印机等常见的设备中都有嵌入式系统。嵌入式系统具有可控、可编程、成本低等特点，在未来的生活中有非常广阔的应用场景。随着技术的进步与发展，它还将获得更加广泛且更加深入的应用。目前，嵌入式系统已经成为计算机技术和计算机应用领域的一个重要组成部分。互联网、物联网、人工智能等新技术的发展，不但为嵌入式市场注入了新生机，而且对嵌入式系统技术提出了新的挑战。

那么，什么是嵌入式系统？

嵌入式系统是嵌入式计算机系统的简称。它是一种嵌入在设备（或系统）内部，为特定应用而设计开发的专用计算机系统。美国电气工程协会从应用角度定义嵌入式系统是"控制、监视或协助设备，机器，工厂运行的装置"（Devices used to control,monitor or assist the operation of equipment, machinery or plants）。这里的 Devices 指的是计算装置，即计算机。

从技术角度来说，国内普遍认为：嵌入式系统是以应用为中心，以计算机技术为基础，软硬件可裁剪，适应应用系统对功能、可靠性、成本、体积、功耗等多种约束要求的专用计算机系统。

1.2 嵌入式系统的特点

最近几年在计算机、通信等信息技术领域中，"嵌入式"是一个使用很广但含义又比较模糊的用语。为避免混淆，本书对"嵌入式"一词的使用做如下说明。

（1）"嵌入式系统""嵌入式计算机""嵌入式计算机系统"都泛指嵌入在设备或系统中的专用计算机系统，既包含硬件，又包含软件。

（2）广义上讲，凡是带有微处理器的专用软硬件系统都可以称为嵌入式系统。狭义上讲，嵌入式系统强调那些使用嵌入式微处理器构成的、具有自己的操作系统和特定功能，用于特定场合的独立系统。本书中提及的嵌入式系统一般指广义的嵌入式系统。

（3）"嵌入式设备/产品/应用系统"指的是使用了嵌入式计算机的设备/产品/应用系统，也就是嵌入式计算机的宿主设备/产品/系统，它们有时也被笼统地称为"嵌入式应用系统"或"嵌入式应用"。

下面介绍一下嵌入式系统的一些共同特点。

（1）专用性——嵌入式系统与具体应用紧密结合，具有很强的专用性。每个应用都有自己独特的需求，嵌入式系统按照特定的需求进行设计，完成预定的任务。也正是因为任务的独特性，目标的明确性，所以往往这种嵌入式系统会做出最优化设计和裁剪，使得系统能够更加高效率地运行。

（2）隐蔽性——嵌入式系统通常是非计算机设备（系统）中的一个部分，它们隐藏在其内部，不为人知。人们只关心宿主设备（系统）的功效、性能及其操作使用，很少有用户知道或主动了解隐藏在内部的嵌入式系统。例如，在使用无人机时，人们更多关注的是无人机的飞行控制操作或摄影摄像功能，不会明显感知其中的计算机软硬件。

（3）可裁剪性——嵌入式系统通常要求小型化、轻量化、低功耗及低成本，因此其软硬件资源受到严格限制。开发嵌入式系统应用项目时，开发人员通常会选择仅能满足宿主设备所需的软硬件，根据实际应用需求量体裁衣，去除冗余，使目标产品的成本最小化，因而对系统的配置及软件开发有着很高的要求。

（4）高可靠性——嵌入式系统大多面向控制应用，系统的可靠性十分重要，尤其是汽车、数控机床、运输工具中的嵌入式系统，任何误动作都可能产生严重后果。

（5）实时性——嵌入式系统广泛应用于过程控制、数据采集、通信传输等领域，承担着测量、报警、控制、调节等任务，所以嵌入式系统都有或多或少的实时性，即必须在一个可预测和有保证的时间范围内对外部事件做出正确的反应。

（6）软件固化——嵌入式系统是一个软硬件高度结合的产物。嵌入式系统中的软件一般都固化在只读存储器中，用户通常不能随意更改其中的程序或功能。

（7）生命周期长——嵌入式系统的生命周期与其嵌入的产品或设备同步，一般会经历产品导入期、成长期、成熟期和衰退期等阶段，具有较长的生命周期。

（8）不易被垄断——嵌入式系统是将先进的计算机技术、半导体技术与电子技术和各个行业的具体应用相结合的产物，这就决定了它必然是一个技术密集、资金密集、高度分散、不断创新的知识集成系统。因而，嵌入式系统不易在市场上被垄断。

1.3 嵌入式系统与通用计算机系统的比较

通用计算机具有计算机的标准形式，通过安装运行不同的应用软件，应用在社会的各个方面。现在，在办公室、家庭中广泛使用的个人计算机（PC）就是通用计算机最典型的代表。

嵌入式计算机则是以嵌入式系统的形式隐藏在各种装置、产品和系统中。

作为计算机系统的不同分支，嵌入式系统和人们熟悉的通用计算机系统既有共同点又有差异。

1.3.1 嵌入式系统与通用计算机系统的共同点

（1）嵌入式系统与通用计算机系统都属于计算机系统。

（2）从系统组成上讲，它们都是由软件和硬件构成的。

（3）从硬件上看，嵌入式系统和通用计算机系统都是由处理器、存储器、输入/输出（I/O）接口和中断系统等部件组成的。

（4）从软件上看，嵌入式系统软件和通用计算机系统软件都可以划分为系统软件和应用软件两类。

（5）从工作原理上讲，它们都属于存储程序机制。

1.3.2　嵌入式系统与通用计算机系统的不同点

（1）形态。通用计算机系统具有基本相同的外形（如显示器、主机、键盘和鼠标等）并且独立存在；而嵌入式系统通常隐藏在某个具体的产品或设备中，它的形态随着产品或设备的不同而不同。

（2）功能。通用计算机系统一般具有通用而复杂的功能，任意一台通用计算机都具有文档编辑、影音播放、娱乐游戏、网上购物和通信聊天等通用功能；而嵌入式系统嵌入在某个宿主设备中。功能由宿主设备决定，具有专用性，通常是为某个应用量身定制的。

（3）功耗。目前，通用计算机系统的功率一般为 200W，而嵌入式系统的宿主设备通常是小型的应用设备，如手机、智能手环等，这些设备不可能装备容量较大的电源，因此低功耗一直是嵌入式系统追求的目标。例如，在日常生活中使用的手机，其待机功率为 100～200mW，即使在通话时功率也只有 4～5W。

（4）资源。通用计算机系统拥有大而全的软硬件资源（如鼠标、键盘、硬盘、内存条和显示器等），而嵌入式系统受限于嵌入的宿主设备（如手机和智能手环等），通常要求小型化和低功耗，其软硬件资源受到严格的限制。

（5）价值。通用计算机系统的价值体现在"计算"和"存储"上，计算能力（处理器的字长和主频等）和存储能力（内存和硬盘的大小和读写速度等）是通用计算机的通用评价指标，而嵌入式系统往往嵌入某个设备或产品中，其价值一般不取决于其内嵌的处理器的性能，而体现在它所嵌入和控制的设备价值上。例如，一台智能洗衣机往往用洗净比、洗涤容量和脱水转速等来衡量，而不以其内嵌的微控制器的运算速度和存储容量等来衡量。

1.4　嵌入式系统的基本分类

1.4.1　按照技术复杂度进行分类

（1）低端嵌入式系统，又称无操作系统控制的嵌入式系统（Non-OS Control Embedded System，NOSES）。

（2）中端嵌入式系统，又称小型操作系统控制的嵌入式系统（Small OS Control Embedded System，SOSES）。

（3）高端嵌入式系统，又称大型操作系统控制的嵌入式系统（Large OS Control Embedded System，LOSES）。

1.4.2　按照应用领域进行分类

按照应用领域可以把嵌入式系统分为军用、工业用和民用三大类。其中，军用和工业用嵌入式系统的运行环境一般比较恶劣，所以往往要求嵌入式系统耐高温、耐湿、耐冲击、耐强电磁干扰、耐粉尘、耐腐蚀等。民用嵌入式系统的需求特点往往体现在另外的方面，如易于使用、方便维护和标准化程度高。

1.5　嵌入式系统的应用领域

嵌入式系统所涉及的应用领域非常广泛，通信设备、仪器仪表、医疗器械、消费电子、家用电器、计算机外围设备、汽车、船舶、航天、航空等均是嵌入式系统的主要应用领域。下面列出一些典型的应用产品。

消费类应用产品：冰箱、洗衣机、空调、微波炉、电饭煲、热水器等"白色家电"；电视机、机顶盒、家庭影院、数码相机、摄像机、DVD 播放器、MP3 播放器、电子字典、游戏机、电子琴、智能玩具等数码产品。

产业类应用产品：数控机床、工业机器人、机电一体化设备、生产线控制等工业设备；汽车、飞机、铁路机车、船舶、电梯等运输工具；X 光机、超声诊断仪、计算机断层成像系统（CT）、心脏起搏器、监护仪、磁共振成像、心电计、血压计等医疗电子设备。

业务类应用产品：电话机、传真机、打印机、扫描仪、复印机等办公设备；电子秤、条码阅读机、商用零售终端、银行点钞机、IC 卡读卡机、取款机、自动柜员机（ATM）、自动售货机等金融电子设备；手机、GPS 导航仪、调制解调器（Modem）、路由器、集线器、交换机、网桥等通信设备。

军用类应用产品：火炮、导弹、智能炸弹等武器的控制装置；坦克、舰艇、战机、无人机等；雷达、电子对抗、导航系统等军事通信装备。

1.6　嵌入式处理芯片

能够按照指令的规定高速完成二进制数据算术和逻辑运算的部件称为"处理器"，它由运算器、控制器、寄存器、高速缓存储器等部件组成，结构相当复杂。大规模集成电路的出现，使得处理器的所有组成部分都可以制作在一块非常小的半导体芯片上。由于其采用了微米级的半导体加工工艺，人们把这样的处理器称为微处理器。

有些嵌入式系统会包含多个处理器，它们的任务各不相同，其中负责运行系统软件和应用软件的主处理器称为中央处理器（Central Processing Unit，CPU），其余的都是协处理器，如数字信号处理器、图形处理器、通信处理器等。CPU 是任何计算机都不可或缺的核心部件。

CPU 的字长有 4 位、8 位、16 位、32 位、64 位之分。字长指的是 CPU 中通用寄存器和定点运算器的二进制位宽。现在嵌入式系统中使用比较多的是 8 位和 16 位的 CPU，但 32 位和 64 位的 CPU 是技术发展的主流。通用计算机的 CPU 则以 64 位为主。

嵌入式系统的性能在很大程度上由 CPU 决定，CPU 的性能主要表现为程序（指令）执行速度的快慢，而影响程序（指令）执行速度快慢的因素有很多，例如：

（1）主频（CPU 时钟频率）——指 CPU 中门电路的工作效率，它决定着 CPU 芯片内部数据传输操作速度的快慢，主频越高，执行一条指令需要的时间就越短。

（2）指令系统——指令的格式、类型，以及指令的数目、功能都会影响程序的执行速度。

（3）高速缓冲存储器的容量和结构——程序运行过程中若使用高速缓冲存储器则可减少CPU 访问内存的次数。通常，其容量越大、级数越多，效用就越显著。

（4）逻辑结构——CPU 包含的定点运算器和浮点运算器数目、有无协处理器、流水线级数和条数、有无指令预测和数据预取功能等都对指令的执行速度有影响。

嵌入式系统与通用计算机一样，其硬件的核心是 CPU。嵌入式系统中的 CPU 一般具有 4 个特点：支持实时处理；低功耗；结构可扩展；集成了测试电路。

CPU 是由大规模集成电路芯片组成的，本书把用于嵌入式系统的 CPU 芯片或包含 CPU 内核的微控制器芯片和系统级芯片等统称为嵌入式处理芯片。目前，嵌入式处理芯片有以下 4 种类型。

1. 微处理器

微处理器是一种可编程的多用途器件，可以使用在 PC 之类的通用计算机中，但更多的是应用于嵌入式系统。当用于嵌入式系统时，这些通用微处理器可能删除一些与嵌入式应用无关的功能部件，而增加一些为嵌入式应用专门设计的功能，因此在功耗、工作温度、抗电磁干扰、可靠性等方面有所增强。

将微处理器应用于嵌入式产品（系统）时，除了处理器芯片，还需要外接 RAM、ROM、总线、I/O 接口、小键盘、发光二极管等，它们都安装在一块电路板上，习惯上称为单板机。单板机体积较大，在工业控制领域使用较多。

典型的微处理器产品主要有 PowerPC、MC68000、MIPS、AMD、x86 等系列。

2. 数字信号处理器

数字信号处理器（DSP）是一种专门用于数字信号处理的微处理器，它对通用处理器的逻辑结构和指令系统进行了优化，使之能够更好地应用于高速数字信号处理的情景。

3. 微控制器

微控制器（MCU）将整个计算机硬件的大部分甚至全部电路集成在一块芯片中。除了 CPU，芯片内还集成了 ROM/EEPROM、RAM、总线、定时/计数器、看门狗定时器、I/O 接口、A/D 转换器、D/A 转换器、网络通信接口等各种必要的功能部件和外设接口。与微处理器不同，它只需要很少的外接电路就可以独立工作，因此体积减小，功耗和成本降低，可靠性也相应提高。

微控制器实际上是一种集成在单个芯片中的小型计算机。它们的工作频率不高，存储容量较小，功耗很低，由于它们在各种嵌入式系统中主要作为控制单元使用，所以习惯上人们都把它们称为微控制器。

MCU 按其使用的处理器内核的位数，也经历了 1 位、4 位、8 位、16 位及 32 位的发展阶段。与通用计算机情况不同的是，低端 MCU 不因高端产品的出现而衰落甚至淘汰。例如，1980 年 Intel 公司开发的 8 位 MCU 8051 中包含了 8 位 CPU、128 字节的 RAM、4KB 的 ROM、输入、输出、中断控制及计数/定时电路等，特别适合传感器信号的获取及马达等机电装置的程序控制，应用十分广泛。至今，此类 8 位微控制器每年还有几亿片的出货量。

近年来，由于嵌入式应用系统对联网和多媒体信息处理的需求日益增多，对 MCU 处理功能的要求也越来越高，32 位 MCU 得到了迅速发展。在 32 位 MCU 产品中，使用 ARM 架构的微处理器占据绝对主流，本书后续讲解使用的是基于 Cortex-M3（可简写为 CM3）系列处理器内核设计的微控制器，名为 STM32F103VET6，由意法半导体公司生产。

4．片上系统

随着半导体技术的发展，单个芯片上可以集成几亿个甚至几十亿个晶体管，因而能够把计算机或其他一些电子系统的全部电路都集成在单个芯片上，这种芯片就是所谓的片上系统（SoC）。

SoC 将计算机或其他电子系统集成在单个芯片中，所以也称为系统级芯片。它可以处理数字信号、模拟信号、数/模混合信号，其集成规模很大，一般可以有几百万到几千万个门电路。

尽管微控制器也是一种单芯片的计算机，但通常它只是一种简易的、功能弱化了的单片系统。而 SoC 则常常被用来指功能更加强大的嵌入式处理芯片，它们可以运行 Windows 和 Linux 之类的台式机操作系统，能连接外存储器和附加的各种外部设备。

由于 SoC 将嵌入式系统的几乎全部功能都集成在一块芯片中，所以单个芯片就能实现数据的采集、转换、存储、处理、输入、输出等功能。SoC 的集成度增加、器件尺寸缩小、时钟频率提高和驱动电压降低等特点使相应设备的整机成本和体积都大为降低，顺应了电子产品向高性能、低功耗和低成本方向发展的趋势。

📖 本章小结

本章首先讲解了嵌入式系统的定义，总结了嵌入式系统的特点，并比较了嵌入式系统与通用计算机系统的异同点。随后简单介绍了嵌入式系统的应用领域。最后引出了嵌入式处理芯片，总共分为 4 类，在今后的讲解中，本书主要针对的是第三类，即微控制器。

📝 思考与练习

1．什么是嵌入式系统？

2．嵌入式系统的特点主要有哪些？

3．嵌入式系统与通用计算机系统的异同点有哪些？

4．嵌入式处理芯片有哪些类型？

5．按照嵌入式系统的技术复杂度，可以将嵌入式系统分为几类？

第2章

ARM 处理器与 STM32 微控制器

本章主要介绍 ARM 公司及其商业模式，之后引出 ARM 处理器的版本与历史，着重介绍 Cortex 系列处理器，最后介绍 ARM 公司与其他半导体厂商的关系、ARM 处理器内核与其他半导体厂商生产的处理器之间的关系。本章重点介绍了 STM32 微控制器，包括芯片结构和存储器映射。

2.1 ARM 公司简介

英国 ARM 公司是全球领先的半导体知识产权（IP）提供商。全世界超过 95% 的智能手机和平板电脑都采用 ARM 架构。ARM 公司设计了大量高性价比、耗能低的 RISC 处理器，并提供相关技术及软件。ARM 公司的总部位于英国剑桥，它拥有 1 700 多名员工，在全球设立了多个办事处，其中包括比利时、法国、印度、瑞典和美国的设计中心。

ARM 公司通过出售芯片技术授权，建立起了新型的微处理器设计、生产和销售商业模式。ARM 公司将其技术授权给世界上许多著名的半导体厂商、软件厂商和原始设备制造厂商（OEM），每个厂商得到的都是一套独一无二的 ARM 相关技术及服务。利用这种合伙关系，ARM 公司很快成为许多全球性 RISC 标准的缔造者。

总共有 30 家半导体公司与 ARM 公司签订了硬件技术使用许可协议，其中包括 Intel、IBM、三星半导体、NEC、SONY、飞利浦和 NI 这样的大公司。至于其软件系统的合伙人，则是微软、SUN 和 MRI 等一系列知名公司。

1991 年，ARM 公司成立于英国剑桥，主要出售芯片设计技术的授权。采用 ARM 技术知识产权（IP 核）的微处理器，即我们通常所说的 ARM 微处理器，此类微处理器已遍布工业控制、消费类电子产品、通信系统、网络系统、无线系统等产品市场，基于 ARM 技术的微处理器应用约占据了 32 位 RISC 微处理器 75% 的市场份额，ARM 技术正在逐步渗入我们生活的各个方面。

20 世纪 90 年代，ARM 公司的业绩平平，处理器的出货量徘徊不前。由于资金短缺，ARM 公司做出了一个意义深远的决定：自己不制造芯片，只将芯片的设计方案授权给其他公司，由它们来生产。正是这个模式，最终使得 ARM 处理器遍地开花，将封闭设计的 Intel 公司置于"人民战争的汪洋大海"。

进入 21 世纪之后，由于手机制造行业的快速发展，ARM 处理器出货量呈现爆炸式增长，ARM 处理器占领了全球大部分的手机市场。2006 年，全球 ARM 处理器出货量为 20 亿片。2010 年，全球 ARM 处理器的出货量更是达到了 60 亿片。

ARM 公司是专门从事基于 RISC 技术芯片设计开发的公司，作为知识产权供应商，其不直接从事芯片生产，而是转让设计许可，由合作公司生产各具特色的芯片，世界各大半导体生产商从 ARM 公司购买其设计的 ARM 处理器核，根据各自不同的应用领域，加入适当的外围电路，从而形成自己的 ARM 处理器，并投入市场。全世界有几十家大的半导体公司都使用 ARM 公司的授权，因此既使得 ARM 技术获得更多的第三方工具、制造、软件的支持，又使整个系统成本降低，使产品更容易进入市场被消费者所接受，更具竞争力。

ARM 商品模式的强大之处在于它在世界范围内有超过 100 个合作伙伴。ARM 公司采用转让许可证制度，由合作伙伴生产芯片。

ARM 公司的商业模式主要涉及 IP 的设计和许可，而非生产和销售实际的半导体芯片。ARM 公司向合作伙伴网络（包括世界领先的半导体公司和系统公司）授予 IP 许可证。这些合作伙伴可利用 ARM 公司的 IP 设计和生产片上系统，但需要向 ARM 支付原始 IP 的许可费用并为每块生产的芯片或晶片交纳版税。除了处理器 IP，ARM 公司还提供了一系列工具，以及物理和系统 IP 来优化片上系统。

正因为 ARM 的 IP 多种多样，以及支持基于 ARM 的解决方案的芯片和软件体系十分庞大，全球领先的原始设备制造商都在广泛使用 ARM 技术，应用领域涉及手机、机顶盒及汽车制动系统和网络路由器。如今，全球 95% 以上的手机及 25% 以上的电子设备都在使用 ARM 技术。

2.2　ARM 处理器简介

ARM 是 Advanced RISC Machine 的缩写，即进阶精简指令集机器。ARM 更早称为 Acorn RISC Machine，是一个 32 位精简指令集（RISC）处理器架构。除此之外，也有基于 ARM 设计的派生产品，主要产品包括 Marvell 的 XScale 架构和德州仪器的 OMAP 系列。ARM 家族中 32 位嵌入式处理器占比达 75%，由于 ARM 的低功耗特性，所以其被广泛应用于移动通信、便携式设备生产等领域。

1983 年 Acorn 电脑公司（Acorn Computers Ltd）开始开发一颗主要用于路由器的 Conexant ARM 处理器，即由 Roger Wilson 和 Steve Furber 带领团队，着手开发一种新架构，类似进阶的 MOS Technology 6502 处理器。Acorn 电脑公司有一大堆建构在 6502 架构上的电脑。该团队在 1985 年时开发出 ARM1 Sample 版，并于次年量产了 ARM2，ARM2 具有 32 位的数据总线、26 位的寻址空间，并提供 64MB 的寻址范围与 16 个 32-bit 的暂存器。

在 20 世纪 80 年代晚期，苹果电脑公司开始与 Acorn 电脑公司合作开发新版的 ARM 核心。1990 年，Acorn 电脑公司将设计团队另组成一家名为安谋国际科技（Advanced RISC Machines Ltd.）的新公司。1991 年，首版 ARM6 出样，然后苹果电脑公司使用 ARM6 架构的 ARM 610 来当作他们 Apple Newton PDA 的基础。在 1994 年，Acorn 电脑公司使用 ARM 610 作为他们 Risc PC 电脑内的 CPU。

ARM 的版本分为两类，一类是内核版本，另一类是处理器版本。

内核版本也就是 ARM 架构，如 ARMv1、ARMv2、ARMv3、ARMv4、ARMv5、ARMv6、ARMv7、ARMv8 等。

处理器版本也就是 ARM 处理器，如 ARM1、ARM9、ARM11、ARM Cortex-A（A7、A9、A15）、ARM Cortex-M（M1、M3、M4）、ARM Cortex-R 等，这个也是我们通常意义上所指的 ARM 版本，ARM 版本信息简表如表 2-1 所示。

表 2-1　ARM 版本信息简表

内 核 版 本	处理器版本
ARMv1	ARM1
ARMv2	ARM2、ARM3
ARMv3	ARM6、ARM7
ARMv4	StrongARM、ARM7TDMI、ARM9TDMI
ARMv5	ARM7EJ、ARM9E、ARM10E、XScale
ARMv6	ARM11
ARMv7	ARM Cortex-A、ARM Cortex-M、ARM Cortex-R
ARMv8	ARM Cortex-A30、ARM Cortex-A50、ARM Cortex-A70

2.3　Cortex-M3 处理器

ARM 处理器分为经典的 ARM 处理器及 Cortex 处理器，根据不同的应用场景，ARM 处理器可以分为三个系列，分别是 Application Processors（应用处理器）、Real-time Processors（实时处理器）及 Microcontroller Processors（微控制器处理器）。

（1）Cortex-A

应用处理器——面向移动计算、智能手机、服务器等市场的高端处理器。这类处理器运行在很高的时钟频率（超过 1GHz），支持 Linux、Android、MS Windows 和移动操作系统等完整操作系统需要的内存管理单元（MMU）。如果规划开发的产品需要运行上述其中的一个操作系统，你需要选择 ARM 应用处理器。

（2）Cortex-R

实时处理器——面向实时应用的高性能处理器，如硬盘控制器、汽车传动系统和无线通信的基带控制。多数实时处理器不支持 MMU，不过通常具有 MPU、Cache 和其他针对工业应用设计的存储器功能。实时处理器运行在比较高的时钟频率（如 200MHz 到 1GHz），响应延迟非常低。虽然实时处理器不能运行完整版本的 Linux 和 Windows 操作系统，但是支持大量的实时操作系统（RTOS）。

（3）Cortex-M

微控制器处理器——通常设计得面积很小，能效比很高。通常这些处理器的流水线很短，最高时钟频率很低（虽然市场上有此类的处理器可以运行在 200MHz 之上），并且新的 Cortex-M 处理器家族设计得非常容易使用。因此，ARM 微控制器处理器在单片机和深度嵌入式系统市场非常成功和受欢迎。

Cortex-M 处理器家族更多集中在低性能端，但是这些处理器相比许多微控制器使用的传统处理器的性能仍然很强大。例如，Cortex-M4 和 Cortex-M7 处理器应用在许多高性能的微控制器产品中，最大的时钟频率可以达到 400MHz。当然，性能不是选择处理器的唯一指标。在许多应用中，低功耗和低成本是关键的选择指标。因此，Cortex-M 处理器家族包含各种产品来满足不同的需求。

其中，Cortex-M3 系列是针对低功耗微控制器设计的处理器，面积小但是性能强劲，支持处理器快速处理复杂任务的丰富指令集，具有硬件除法器和乘加指令（MAC），并且 Cortex-M3 支持全面的调试和跟踪功能，使软件开发者可以快速地开发他们的应用。

2.4　STM32 微控制器

2.3 节中介绍了 ARM 公司推出的 Cortex-M3 处理器，但一般是无法从 ARM 公司直接购买这样一款 ARM 处理器的。按照 ARM 公司的经营策略，它只负责设计处理器 IP 核，而不生产和销售具体的处理器。

Cortex-M3 内核是微控制器中的中央处理单元（CPU）。完整的基于 Cortex-M3 内核的 MCU 还需要很多其他组件。在得到 Cortex-M3 内核的使用授权后，芯片制造商就可以把 Cortex-M3 内核用在自己的硅片设计中，添加存储器、外设、I/O 和其他功能模块，这样就是基于 Cortex-M3 内核的微控制器。因此，不同厂家设计的 MCU 会有不同的配置，包括存储器的容量、类型、外设等都各具特色。Cortex-M3 内核与基于 Cortex-M3 内核的处理器的关系如图 2-1 所示。

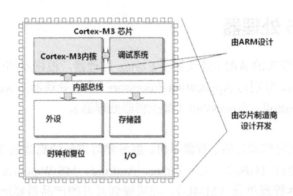

图 2-1　Cortex-M3 内核与基于 Cortex-M3 内核处理器的关系

当前，市场上比较常见的基于 Cortex-M3 内核的 MCU 有意法半导体公司生产的 STM32F103 微控制器，德州仪器公司生产的 LM3S8000 微控制器和恩智浦公司生产的 LPC1788 微控制器等，其应用遍及工业控制、消费电子、仪器仪表、智能家居等领域。

在诸多半导体制造商中，意法半导体公司是较早在市场上推出基于 Cortex-M 系列内核的 MCU 产品的公司，其根据 Cortex-M 系列内核设计生产的 STM32 微控制器有着低成本、低功耗、高性价比的优势，并且推出了不同的系列方便用户选择，在中国占据了大部分基于 Cortex-M 系列内核的微控制器市场份额。STM32 微控制器分类如表 2-2 所示。

表 2-2　STM32 微控制器分类

内核	产品型号	基本描述
Cortex-M0	STM32F0	入门型
	STM32L0	超低功耗型
Cortex-M3	STM32F1	基础型
	STM32F2	高性能型
	STM32L1	超低功耗型
Cortex-M4	STM32F3	混合信号型
	STM32F4	高性能型
	STM32L4	超低功耗型
Cortex-M7	STM32F7	高性能型

STM32 系列微控制器适合的应用有：替代绝大多数 8/16 位 MCU 的应用，替代目前常用

的 32 位 MCU（特别是 ARM7）的应用，小型操作系统相关的应用及简单图形和语音相关的应用。STM32 产品线如图 2-2 所示。

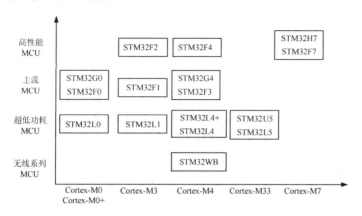

图 2-2　STM32 产品线

STM32F1 系列微控制器基于 Cortex-M3 内核，利用一流的外设和低功耗、低压操作实现了高性能且易于接受的价格，利用较低的价格和简易的工具实现了高集成度，能够满足工业、医疗和消费市场的各种应用需求。其中，STM32F103 系列微控制器属于增强型系列，具有高达 1MB 的片上内存，还具有电机控制、USB 和 CAN 模块，性价比较高，市场占有率非常高。

在实际情况中，我们需要根据具体的应用需求选用合适的 STM32 系列微控制器的内核型号和产品系列。例如，一般的工程应用如果数据运算量不是特别大，基于 Cortex-M3 内核的 STM32F1 系列微控制器即可满足要求；如果需要进行大量的数据运算，且对实时处理和数字信号处理能力要求比较高，或者需要外接 RGB 屏幕，则推荐使用基于 Cortex-M4 内核的 STM32F4 系列微控制器。

明确了产品系列后，可以进一步选择产品线。以基于 Cortex-M3 内核的 STM32F1 系列微控制器为例，如果仅需要用到电机控制或消费类电子控制功能，则选择 F100 系列或 F101 系列微控制器即可；如果还需要用到 CAN 模块或 USB 通信，则推荐使用 F103 系列微控制器；如果对网络通信有高需求，则可以选用 F105 系列或 F107 系列微控制器。对于同一个产品系列，不同的产品线采用的内核是相同的，但核外的片上外设存在差异。具体选型情况需要根据实际的应用场景来确定。

本书后续章节是基于 STM32F1 系列中的典型微控制器 STM32F103 进行讲述的。具体型号为 STM32F103VET6。

意法半导体公司制定了产品的命名规则，通过名称，用户可以直观、迅速地了解某款具体型号的 STM32 系列微控制器产品。

STM32 系列微控制器的名称主要由以下几部分组成。

1. 产品系列名

STM32 系列微控制器名称通常以 STM32 开头，表示产品系列，代表意法半导体公司基于 ARM Cortex-M 系列内核的 32 位 MCU。

2. 产品类型名

产品类型是 STM32 系列微控制器名称的第二部分，通常有 A（汽车级）、F（基础型）、

L（超低功耗型）、S（标准型）、WB（蓝牙及 802.15.4 型）、WL（长距离无线产品型）、H（高性能型）、G（主流型）等类型。

3. 产品子系列名

产品子系列是 STM32 系列微控制器名称的第三部分。通常 STM32F 子系列产品有 051（ARM Cortex-M0 内核）、103（ARM Cortex-M3 内核）、405/407（ARM Cortex-M4 内核）等类型。

4. 引脚数

引脚数是 STM32 系列微控制器名称的第四部分，通常有多种形式，如 F（20 pin）、G（28 pin）、K（32 pin）、T（36 pin）、H（40 pin）、C（48 pin）、U（63pin）、R（64 pin）、O（90pin）、V（100 pin）、Q（132 pin）、Z（144 pin）、I（176 pin）等。

5. Flash 存储器容量

Flash 存储器容量是 STM32 系列微控制器名称的第五部分，通常有以下几种：4（16KB Flash，小容量）、6（32KB Flash，小容量）、8（64KB Flash，中容量）、B（128KB Flash，中容量）、C（256KB Flash，大容量）、E（512KB Flash，大容量）等。

6. 封装形式

封装形式是 STM32 系列微控制器名称的第六部分，通常有以下几种：T（QFP，四侧引脚扁平封装）、H（LFBGA，球栅阵列封装）等。

芯片封装示意图如图 2-3 所示，QFP 芯片封装实拍图如图 2-4 所示。

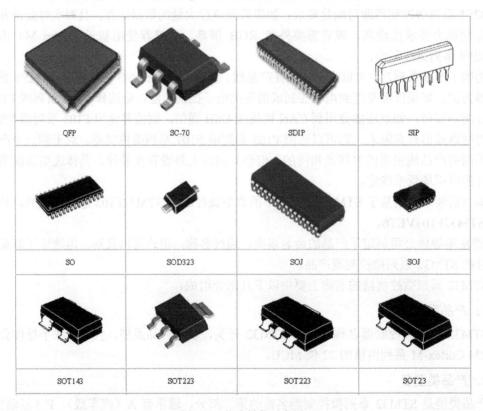

图 2-3　芯片封装示意图

图 2-4 QFP 芯片封装实拍图

7．适用温度范围

适用温度范围是 STM32 系列微控制器名称的第七部分，通常有以下两种：6（-40～85℃，工业级）、7（-40～105℃，工业级）。

通过以上介绍的命名规则，用户能够直观、迅速地了解某款具体型号的微控制器产品，如本书后续使用的微控制器型号为 STM32F103VET6，其中 STM32 代表意法半导体公司基于 ARM Cortex-M 系列内核设计的 32 位 MCU，F 代表基础型，103 代表基于 Cortex-M3 内核，V 代表 100 个引脚，E 代表大容量（512KB Flash）存储器，T 代表 QFP 封装方式，6 代表-40～85℃的工业级适用温度范围。

2.5 STM32 芯片的结构

常见的 STM32 芯片是已经封装好的成品，如图 2-4 所示。图 2-5 所示为 STM32F103VET6 芯片的引脚分布。该芯片为 100 个引脚封装。图 2-6 所示为 STM32F103VET6 芯片实拍图。图 2-6 中芯片的左下角位置有一个小圆点，以小圆点所在芯片角为起点，逆时针方向，遇到的第一个引脚为 1 号引脚，其他引脚按逆时针方向排列。

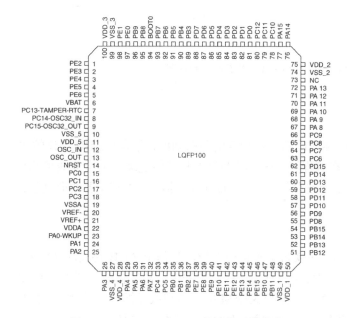

图 2-5 STM32F103VET6 芯片的引脚分布

图 2-6 STM32F103VET6 芯片实拍图

　　STM32F103VET6 芯片包括 5 个 16 位的通用输入输出（GPIO）端口，依次称为 PA、PB、PC、PD、PE。在芯片的设计过程中，不同的引脚定义了不同的功能，并且几乎每个 GPIO 端口都复用了其他功能，引脚功能定义详见芯片的数据手册。

　　STM32 芯片与常见的计算机主机很相似，计算机主机主要由 CPU、主板、显卡、内存、硬盘等外设组成，类似地，STM32 芯片也是由内核和片上外设组成的。例如，STM32F103 系列芯片的 CPU 即 Cortex-M3 内核，除了内核，还有 GPIO、USART、ADC、I2C、SPI 等模块，这些即片上外设。内核与片上外设之间通过各种总线连接，形成了一个相互协调的统一整体。图 2-7 所示为 STM32F103 系列芯片内部系统结构框图。

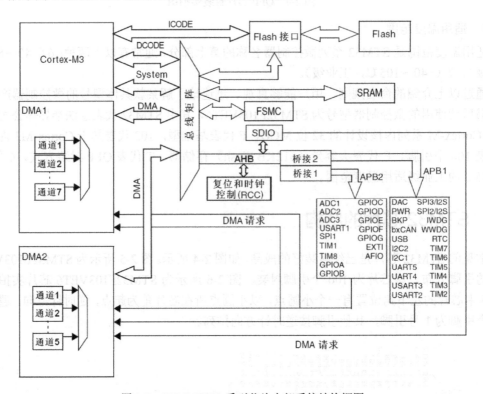

图 2-7　STM32F103 系列芯片内部系统结构框图

1. ICODE 总线

　　ICODE 总线连接内核与内部 Flash 接口，可实现指令的预取功能，是基于 AHB 协议的 32 位总线，读取指令以字的长度执行。在编程开发时，编写好的程序经过编译后会变成单片机能够识别的一条一条指令，而这些指令会被存放在内部 Flash 存储器中，内核想要读取这些指令去执行程序就必须使用 ICODE 总线。

2. DCODE 总线

　　DCODE 总线连接内核与总线矩阵，可实现数据访问功能，是基于 AHB 协议的 32 位总线。在编程开发时，用到的数据有常量和变量两种，在存储过程中，常量会被放到内部 Flash 存储器中，而全局变量和局部变量会被存放到内部 SRAM 中。当在执行指令的过程中，内核需要访问内部 Flash 存储器中存放的数据时，必须使用 DCODE 总线来读取。

3．System 总线

System 总线即系统总线，连接内核和总线矩阵。System 总线通过总线矩阵可以访问外设寄存器，通常说的寄存器开发，即编程读/写寄存器，就是通过 System 总线来完成的。

4．直接存储器访问（DMA）总线

DMA 总线主要用来访问和传输数据，这些数据可以是某个外设数据寄存器中的，可以是 SRAM 中的，也可以是内部 Flash 存储器中的。因为内部 Flash 存储器中的数据既可以通过 DCODE 总线访问，也可以通过 DMA 总线访问，为了避免访问冲突，在读取数据时需要通过总线矩阵来进行仲裁，最终决定通过哪条总线来读取数据。总线矩阵的作用正是仲裁协调内核和 DMA 之间的访问，此仲裁利用的是轮换算法。

5．AHB 和 APB

AHB（Advanced High Performance Bus）和 APB（Advanced Peripheral Bus）是 ARM 公司推出的 AMBA 片上总线规范的主要总线结构。

AHB 可翻译为高级高性能总线，它通过总线矩阵与 System 总线相连，允许 DMA 访问，主要用于高性能模块（如 CPU、DMA 或 DSP）之间的连接。AHB 由主模块、从模块、基础结构三部分组成，整个 AHB 上的传输由主模块发出，从模块负责回应，基础结构则由仲裁器、从主模块到从模块的多路器、从模块到主模块的多路器、译码器、虚拟从模块、虚拟主模块组成。

APB 是一种外围总线，它主要用于低带宽的周边外设之间的连接，如 UART 等。它的总线架构不像 AHB 那样支持多个主模块，在 APB 中唯一的主模块就是 APB 桥，再往下由于不同的外设需要的时钟不同，APB 分为低速外设总线 APB1 和高速外设总线 APB2，两条外设总线上分别挂载着不同的外设，其中 APB1 操作速度最大为 36MHz，APB2 操作速度最大为 72MHz。

以上这些总线通过相互协调，将芯片的内核与内部 Flash 存储器、SRAM、FSMC 和各种片上外设连接起来，形成了一个相互配合、统一调配的整体，从而构成了强大的 STM32 芯片。

2.6　存储区映射

尽管拥有多条总线，STM32 芯片内部的存储区仍然是一个大小为 4GB 的线性地址空间。Flash 存储器、FSMC、SRAM 及各种片上外设等部件通过存储区的地址分配，共同排列在这个 4GB 的地址空间中。开发人员在开发编程时，通过在存储区中的位置找到它们，进而通过指令操作它们。给存储区分配地址的过程称为存储区映射。

对于这个大小为 4GB 的地址空间，ARM 公司已经把它平均分成了 8 块，分别是 Block0 至 Block7，每块的大小为 512MB，分别规定了不同的用途。

Block0 被划分为代码区，其起始地址为 0x00000000，主要用于装载和执行指令代码。程序可以在代码区、内部 SRAM 区及外部 RAM 区中执行。但是因为指令总线与数据总线是分开的，最理想的是把程序放到代码区，从而使取指和数据访问各自使用自己的总线。

Block1 被划分为 SRAM 区，其起始地址为 0x20000000，所有的内部 SRAM 都位于底部的位带区。SRAM 主要用于存放各类局部变量和全局变量，也可以用来装载和执行指令代码，但是这样做会使得内核需要通过 System 总线来读取指令，从而产生额外的 CPU 等待周期，因此在 SRAM 中装载和执行指令代码要比在 Flash 存储器中缓慢。

Block2 被划分为片上外设区，其起始地址为 0x40000000，所有片上外设的存储映射地址必须位于外设位带区。其中，APB1 外设的地址范围为 0x40000000 至 0x400077FF，APB2 总线外设的地址范围为 0x40010000 至 0x40013FFF，AHB 外设的地址范围为 0x40018000 至 0x5003FFFF。在这些区域中，每 4 个字节（每个字节 8 位，共 32 位）作为一个单元，每个单元对应不同的功能，控制这些单元就能够驱动外设进行相应工作。

Block3 至 Block6 共 2GB 的存储区空间是用来拓展外部 SRAM 和外设的。

Block7 是 Cortex-M3 内核的内部外设区，其中内部私有设备的地址范围为 0xE0000000 至 0xE003FFFF；外部私有设备的地址范围为 0xE0040000 至 0xE00FFFFF；其余地址范围为自由定制区。

存储器映射如图 2-8 所示。

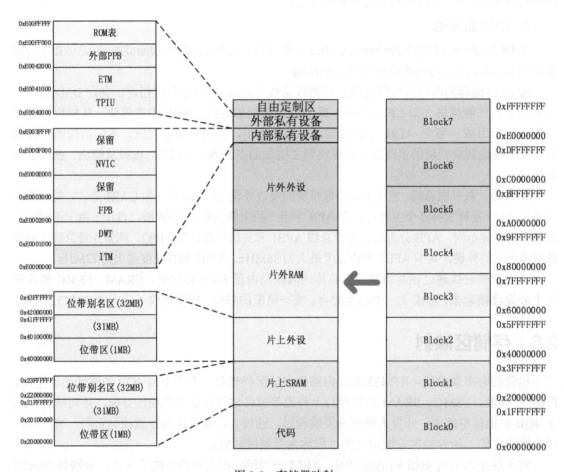

图 2-8　存储器映射

本章小结

本章首先简单介绍了 ARM 公司的发展及商业策略，之后介绍了 ARM 的内核版本与处理器版本，由此引出 ARM 公司新推出的 Cortex 内核，并简要介绍了 Cortex-A、Cortex-R、Cortex-M 三个系列的应用场景。之后结合本课程实际，着重介绍 Cortex-M 系列。进而介绍了基于 Cortex-M3 内核的 STM32F103 系列微控制器，讲解了意法半导体公司的 STM32 产品线、命名规则及芯片结构，介绍了 STM32 的存储区映射。最终引出本课程后续要讲解的芯片型号——STM32F103VET6。

思考与练习

1．简单介绍一下 ARM 公司。

2．ARM 公司的商业模式是什么？这种商业模式的优点是什么？

3．Cortex 系列处理器分为哪几大类？

4．STM32F1 系列微控制器与 Cortex-M3 内核的关系是什么？

5．STM32F103CBT6 的引脚数是多少，Flash 存储器容量是多少 KB？

6．简述 AHB 与 APB。

7．APB1 与 APB2 的区别是什么？

8．STM32 的寻址空间有多大？片上外设的地址范围是多少？

第 3 章

开发环境及硬件平台

本章主要介绍嵌入式系统设计、STM32 固件库（特别是 HAL 库），针对本书所用的 STM32F103VET6 微控制器，使用指定的 STM32 固件库，利用 MDK-ARM 软件新建一个工程的方法，以及将生成的可执行文件利用串口方式下载到硬件开发板上的方法。

3.1 系统设计

嵌入式系统开发越来越规范化，在遵循一般工程开发流程的基础上，需要将软件、硬件及人力等方面的资源充分整合起来，嵌入式系统开发都是软硬件的结合体和协同开发过程，这是其特点。嵌入式系统设计流程如图 3-1 所示。

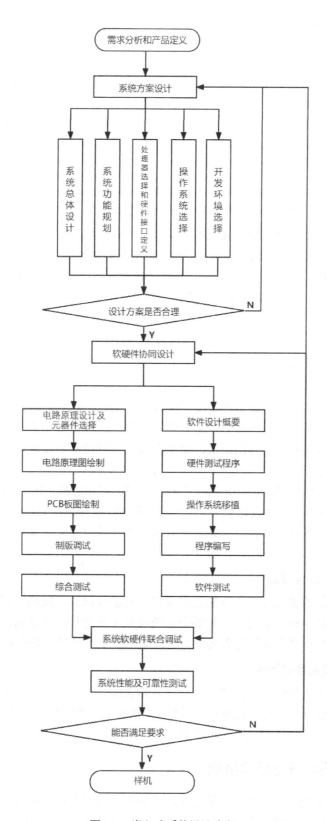

图 3-1　嵌入式系统设计流程

3.1.1　系统设计流程

1．需求分析与产品定义

确定设计任务和设计目标，并提炼出设计规格说明书作为指导各阶段验收工作的标准。系统的需求一般可以分为功能性需求和非功能性需求两个方面。功能性需求指系统的基本功能，如 I/O 信号、操作方式等；非功能性需求包括系统性能、成本、功耗、体积、重量等因素。这一阶段需要进行市场分析和调研、客户调研、产品用户定位、成本预算等工作。

2．系统方案设计

系统方案设计主要描述系统如何实现所述功能性需求和非功能性需求，包括对软硬件和执行装置的功能划分，以及系统的软硬件选型等。从硬件的角度来说，需要确定整个系统的架构，并按功能来划分各个模块，确定各个模块的大概实现。根据需要实现的功能，进行处理器的选型，然后根据产品需求选择功能芯片，比如是外接 AD 还是使用片内 AD，采用哪种通信方式，需要什么外围接口，还需要特别注意电磁兼容问题。根据系统的要求，将整个系统按功能进行模块划分，定义好各模块之间的功能接口，确定各模块内主要的数据结构，选择合适的操作系统和开发环境。

另外，系统方案需要通过论证与对比，从成本、性能、开发周期、开发难易度等方面最终选择一个最适合自己产品的总体设计方案。

3．软硬件协同设计

系统方案设计完毕后，根据方案定义好的各功能接口，对系统进行软硬件设计，一般采用软硬件协同并行实施，可以更高效地进行开发工作。这就需要在系统方案设计和技术说明阶段，对系统功能有明确、完善的定义，避免在后续开发过程中反复修改系统，以及避免由此带来的一系列问题。

硬件设计包括电路原理设计、元器件选取、电路原理图绘制、PCB 板图绘制、制板及测试等过程。软件设计包括软件设计概要、硬件测试程序、操作系统移植、程序编写、软件测试等过程。相对嵌入式系统硬件设计来说，嵌入式系统软件设计工作量更大，一般采用面向对象技术、软件组件技术、模块化设计等方法进行工作。

4．系统软硬件联合调试

该过程是把系统的软硬件和执行装置集成在一起进行调试，发现问题、解决问题。调试硬件或代码，修改其中存在的问题，使整个系统能够正常运行，产品的功能达到产品需求规格说明要求。验证软件单个功能是否实现、验证软件整个产品功能是否实现。

5．系统性能及可靠性测试

对设计好的系统进行综合功能测试，测试其是否满足系统定义中给定的功能要求，并在不同的工作环境下进行系统可靠性测试。例如，干扰测试、产品寿命测试、防潮湿测试、防粉尘测试、高低温测试、老化测试等，保证设计的产品运行稳定。

3.1.2　嵌入式系统开发环境搭建

嵌入式系统通常是一个资源受限的系统，不能在嵌入式系统上编写软件，并且嵌入式系统处理器的体系架构与一般通用计算机的处理器体系架构不同。因为，开发人员一般先在宿主机（通用计算机）上编写程序，然后使用交叉编译器（支持嵌入式系统处理器体系）生成在目标机（嵌入式系统）上可以运行的二进制代码，然后使用调试器或烧写器将目标代码下载到目标机。在宿主机的集成开发环境（交叉开发软件）和调试器或烧写器的配合下对目标机的程序进行调试和分析，直到程序功能满足系统要求，最后目标机就可以脱离宿主机独立工作了。

　　一般情况下，搭建一个嵌入式系统交叉开发环境，需要宿主机、交叉开发软件、调试器、目标机等。交叉开发环境结构如图 3-2 所示。

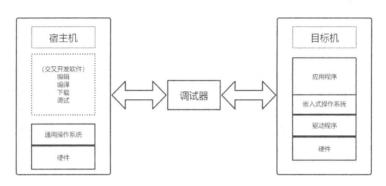

图 3-2　交叉开发环境结构

1．宿主机

宿主机一般是一台通用计算机（如 PC 或工作站），它通过串口或以太网接口与目标机通信。宿主机的软硬件资源比较丰富，不但包括强大的操作系统，还有各种各样优秀的开发工具，能够大大提高嵌入式应用软件的开发速度和效率。

2．目标机

目标机一般在嵌入式应用软件开发期间使用，用来区别与嵌入式系统通信的宿主机，目标机可以是嵌入式应用软件的实际运行环境，也可以是能够代替实际运行环境的仿真系统，但其软硬件资源通常比较有限。

3．嵌入式系统交叉调试

嵌入式系统交叉调试的环境一般包括交叉编译器、交叉调试器，其中交叉编译器用来在宿主机上生成可以在目标机上运行的代码，而交叉调试器用于在宿主机与目标机间完成嵌入式软件的调试。

　　目前，常用的嵌入式系统交叉调试方法有两种，一种是基于 JTAG 的片上调试，另一种是基于调试代理的远程调试。

　　资源宽裕的嵌入式系统，CPU 处理能力强、内存资源丰富（一般为几十兆字节），如能支持 Linux 内核运行的嵌入式系统，一般使用调试代理的远程调试。资源紧缺型的嵌入式系统，CPU 处理能力一般、内存资源有限，运行裸机程序或简单的嵌入式实时操作系统，多见于对成本比较敏感的嵌入式消费类电子系统，一般使用基于 JTAG 的片上调试。

　　我们着重看一下基于 JTAG 的片上调试。JTAG 是一种国际标准芯片测试协议，目前大部分 CPU 体系都支持 JTAG。调试前，需要先将固件烧写到固件区，才能使用基于 JTAG 的片上调试方法进行调试。基于 JTAG 的片上调试方法的代表是 J-Link 调试器，其定义了一个软件调试层面的 RDI 接口标准，然后 J-Link 调试器将调试环境软件（如 Keil MDK、IAR 等）

发出的 RDI 接口信号转换为 JTAG 命令，对芯片进行调试，该方法适用于嵌入式系统底层驱动调试、裸机系统调试和单应用调试。

基于 JTAG 的片上调试方法一般需要在宿主机上运行交叉集成开发环境式软件。这类集成开发环境式软件一般具有程序编辑、下载、调试等功能，常用的集成开发环境有 Keil MDK、IAR、Eclipse、CodeWarrior 等。

3.2 STM32 固件库

3.2.1 背景简介

从未接触过 STM32 系列微控制器的新人在入门 STM32 系列微控制器的时候，首先要选择一种开发方式，不同的开发方式对应的编程架构是不尽相同的。我们以 STM32F103 系列微控制器为例进行说明。一般会选择使用标准库和 HAL 库，当然也会有很少一部分人选择通过直接配置寄存器进行开发（这里不太懂没关系，先知道有这么回事）。通过寄存器开发可能是学 8051 系列单片机的朋友"自然"顺延下来的习惯，不过这种方法针对 STM32 系列微控制器就会变得不那么友好了，因为 STM32 系列微控制器的寄存器的数量是 8051 单片机的十数倍，将这么多寄存器全部记住非常困难，所以开发的时候就需要经常反复查阅芯片的参考文档，因此这种直接配置寄存器的开发方式就会非常费力。

既然 STM32 系列微控制器有如此多的寄存器，而且记住各个寄存器使用直接配置寄存器的方法如此吃力，那么有没有一个相对简单的开发方式呢？答案是有的。意法半导体公司为每款芯片都编写了一份库文件，也就是工程文件中的 stm32f1xx 之类的文件。这些 .c 和 .h 文件包括了一些常用量的宏定义，以及一些外设，如 GPIO 口、时钟等，它们也通过结构体变量封装起来了。因此，我们只需要配置结构体变量成员就可以修改外设的配置寄存器了。这份库文件就是 STM32 系列微控制器的标准外设库。

对于 STM32F1 系列微控制器，需要使用的就是意法半导体公司提供的 STM32F10x 标准外设库，在开发过程中，调用标准外设库的库函数进行开发。相比传统的直接读写寄存器方式，STM32F10x 标准外设库明显降低了开发门槛和难度，缩短了开发周期，提高了程序的可读性和可维护性，给 STM32F103 系列微控制器开发带来了极大便利。

STM32F10x 的固件库是一个或一个以上的完整软件包（称为固件包），包括所有的标准外设的设备驱动程序，其本质是一个固件函数库，它由程序、数据结构和各种宏组成，包括了微控制器所有外设的性能特征。该函数库还包括每一个外设的驱动描述和应用实例，为开发者访问底层硬件提供了一个中间 API（应用编程接口）。通过使用固件函数库，无须深入掌握底层硬件细节，开发者就可以轻松应用每一个外设。每个外设驱动都由一组函数组成，这组函数覆盖了该外设的所有功能。每个器件的开发都由一个通用 API 驱动，API 对该驱动程序的结构、函数和参数名称都进行了标准化。

HAL 库是意法半导体公司目前力推的开发方式，全称就是 Hardware Abstraction Layer（硬件抽象层）。它的出现比标准库要晚，但其实和标准库一样，它的目的也是节省程序开发的时间，而且与标准库相比，HAL 库更加有效。如果说标准库把实现功能需要配置的寄存器集成了，那么 HAL 库的一些函数甚至可以做到某些特定功能的集成。也就是说，同样的功能，标准库可能要用几句话，HAL 库只需用一句话就够了，并且 HAL 库也很好地解决了程序移植的问题，不同型号的 STM32 芯片的标准库是不一样的，比如在 F4 上开发的程序移植到 F3 上是不能通用的，而使用 HAL 库，只要使用的是相同的外设，程序基本可以完全复制粘贴，注意是相同外设，意思也就是不能无中生有，如 F7 比 F3 要多几个定时器，不能明明没有这个定时器却非要配置，但其实这种情况不多，绝大多数情况下程序都可以直接复制粘贴。

而且配合使用意法半导体公司研发的 CubeMX 软件，通过图形化的配置功能，可以直接生成整个使用 HAL 库的工程文件，可以说是方便至极，但是方便的同时也造成了它的执行效率相对低下。不过在一般应用中，这种效率的稍微降低是可以被忽略或者说是可以被容忍的。

从官方的角度看，HAL 库就是用来取代之前的标准外设库的。相比标准外设库，HAL 库表现出了更高的抽象整合水平，HAL 库的 API 集中关注各外设的公共函数功能，这样便于定义一套通用的对用户友好的 API 函数接口，从而可以轻松实现将一个 STM32 系列微控制器产品移植到另一个不同系列的 STM32 系列微控制器产品的过程。HAL 库是意法半导体公司未来主推的库，现在意法半导体公司新出的微控制器已经没有标准库了，比如 F7 系列。目前，HAL 库已经支持 STM32 系列微控制器的全线产品。

从意法半导体公司官方网站下载适合本书所用芯片的 HAL 库。该库中包含的内容如图 3-3 STM32Cube_FW_F1_V1.8.0 内各文件所示。

图 3-3　STM32Cube_FW_F1_V1.8.0 内各文件

3.2.2　HAL 库简介

HAL 库驱动程序旨在提供丰富的 API 集并与应用程序上层轻松交互。每个驱动程序都包含一组功能，涵盖最常见的外围功能。每个驱动程序的开发都由一个通用 API 驱动，该 API 对驱动程序结构、函数和参数名称进行了标准化。

HAL 库驱动程序由一系列驱动文件组成。HAL 库驱动文件如表 3-1 所示。

表 3-1　HAL 库驱动文件

文　件	描　　述
stm32f1xx_hal_ppp.c	主要外设/模块驱动程序文件。它包括所有 STM32 系列微控制器通用的 API。示例：stm32f1xx_hal_adc.c
stm32f1xx_hal_ppp.h	主驱动 C 文件的头文件，包括常用数据、句柄和枚举结构、定义语句和宏，以及导出的通用 API。示例：stm32f1xx_hal_adc.h
stm32f1xx_hal_ppp_ex.c	外设/模块驱动程序的扩展文件。它包括给定系列的特定 API，以及新定义的 API，这些 API 将覆盖默认的通用 API
stm32f1xx_hal_ppp_ex.h	外设/模块驱动程序的扩展 C 文件的头文件
stm32f1xx_hal.c	该文件用于 HAL 库初始化

续表

文 件	描 述
stm32f1xx_hal.h	stm32f1xx_hal.c 的头文件
stm32f1xx_hal_msp_template.c	需要时，可复制到用户应用程序文件夹的模板文件
stm32f1xx_hal_conf_template.h	允许为给定应用程序自定义驱动程序的模板文件
stm32f1xx_hal_def.h	通用的 HAL 资源，如通用定义语句、枚举、结构和宏

使用 HAL 库构建应用程序所需的最少文件，如表 3-2 所示。

表 3-2 使用 HAL 库构建应用程序所需的最少文件

文 件	描 述
system_stm32f1xx.c	该文件包含 SystemInit( )，它在启动时，系统运行到主程序之前调用。它不会配置系统时钟（与标准库相反）
startup_stm32f1xx.s	启动文件
stm32f1xx_flash.icf(可选)	EWARM 工具链的连接器文件，主要允许调整堆栈/堆大小以适应应用程序要求
stm32f1xx_hal_msp.c	此文件包含用户应用程序中使用的外设的 MSP 初始化和取消初始化
stm32f1xx_hal_conf.h	此文件允许用户为特定应用程序自定义 HAL 库驱动程序。修改此配置不是强制性的
stm32f1xx_it.c/.h	该文件包含异常处理程序和外设中断服务例程，并定期调用 HAL_IncTick( )以增加用作 HAL 库时基的局部变量(在 stm32f1xx_hal.c 中声明)。默认情况下，该函数在 Systick ISR 中每 1ms 调用一次
main.c/.h	该文件包含主程序例程，主要功能如下。 （1）调用 HAL_Init( )； （2）系统时钟配置； （3）外设初始化和用户应用程序代码

stm32xxx.h 主要包含 STM32 同系列微控制器的不同具体型号的定义，是否使用 HAL 库等定义，接着其会根据定义的微控制器型号寻找包含该型号微控制器的头文件。

stm32fxxx_hal.h 主要实现 HAL 库的初始化、系统滴答相关函数、CPU 的调试模式配置。

stm32fxxx_hal_conf.h 是一个用户级别的配置文件，用来实现对 HAL 库的裁剪，其位于用户文件目录。

根据 HAL 库的命名规则，其 API 可以分为以下三大类，HAL 库驱动文件如表 3-3 所示。

表 3-3 HAL 库驱动文件

函 数 类 型	描 述
初始化/反初始化函数	HAL_PPP_Init( ), HAL_PPP_DeInit( )
IO 操作函数	HAL_PPP_Read( ) HAL_PPP_Write( ) HAL_PPP_Transmit( ) HAL_PPP_Receive( )
控制函数	HAL_PPP_Set( ), HAL_PPP_Get( )
状态和错误	HAL_PPP_GetState( ), HAL_PPP_GetError( )

HAL 库最大的特点就是对底层进行了抽象。在此结构下，用户代码的处理主要分为三部分：

（1）处理外设句柄（实现用户功能）；

（2）处理 MSP；

（3）处理各种回调函数。

HAL 库移植使用的基本步骤如下：

（1）复制 stm32f2xx_hal_msp_template.c，参照该模板，依次实现用到的外设的 HAL_PPP_MspInit( )和 HAL_PPP_MspDeInit( )。

（2）复制 stm32f2xx_hal_conf_template.h，用户可以在此文件中自由裁剪，配置 HAL 库。

（3）在使用 HAL 库时，必须先调用函数 HAL_StatusTypeDef HAL_Init(void)（该函数在 stm32f2xx_hal.c 中定义，也就意味着在第（1）点中，必须首先实现 HAL_PPP_MspInit(void) 和 HAL_PPP_MspDeInit(void)）。

（4）HAL 库与 STD 库不同，HAL 库使用 RCC 中的函数来配置系统时钟，用户需要单独写时钟配置函数（STD 库默认在 system_stm32f2xx.c 中）。

（5）关于中断，HAL 库提供了中断处理函数，只需要调用 HAL 库提供的中断处理函数。用户自己的代码不建议先写到中断中，而应该写到 HAL 库提供的回调函数中。

对于每一个外设，HAL 库都提供了回调函数，回调函数用来实现用户自己的代码。整个调用结构由 HAL 库自己完成。例如，在 Uart 中，HAL 库提供了 void HAL_UART_IRQHandler( ) 函数，用户只需触发中断后调用该函数，同时将自己的代码写在对应的回调函数中即可。

3.3 CubeMX 软件

说到 STM32 系列微控制器的 HAL 库，就不得不提 CubeMX 软件，其作为一个可视化的配置工具，使用图形向导可以生成 STM32 系列微控制器初始化代码的工程。对于开发者来说，确实大大节省了开发时间。CubeMX 软件就是以 HAL 库为基础的，且目前仅支持 HAL 库及 LL 库。

CubeMX 软件是 ST 公司推出的一种自动创建单片机工程及初始化代码的工具，适用于其旗下所有 STM32 系列微控制器。此软件需要安装 JAVA 运行环境。

软件安装过程分为以下三步。

（1）安装 JRE，Java 运行环境。

（2）安装 CubeMX 软件。

（3）安装 STM32 系列微控制器固件支持包。

软件安装非常简单，在此不再详述。建议采用管理员方式运行，因为 ST 公司对软件版本及其集成的库更新频繁，无管理员权限容易安装失败。

软件特性简要说明如下。

（1）非常直观的选择 STM32 系列微控制器。

（2）非常易用且丰富的图形化界面。

（3）能够生成初始化代码的工程，包括 EWARM、TureSTUDIO、SW4STM32、MDK-ARM 等。

（4）针对部分 MPU 生成 Linux 设备树。

（5）可以独立运行于 Windows、Linux 和 macOS 上，或作为 Eclipse 的插件使用。

CubeMX 软件的下载方式为官网下载，其下载界面如图 3-4、图 3-5 所示。

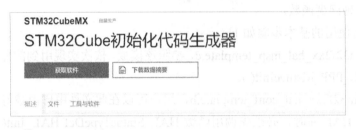

图 3-4　CubeMX 软件下载界面（一）

产品型号	一般描述	Latest version	下载	All versions
+ STM32CubeMX-Lin	STM32Cube init code generator for Linux	6.3.0	Get latest	选择版本
+ STM32CubeMX-Mac	STM32Cube init code generator for macOS	6.3.0	Get latest	选择版本
+ STM32CubeMX-Win	STM32Cube init code generator for Windows	6.3.0	Get latest	选择版本

图 3-5　CubeMX 软件下载界面（二）

安装完软件后，还需要最后一步，即安装固件支持包，安装方式有在线安装和离线安装两种方式。

（1）在线安装。打开安装好的 CubeMX 软件，进入库管理界面（Help→Manage embedded software packages），会有一个列表，勾选你要安装的 HAL 库版本，单击"Install Now"按钮，若安装成功，已安装完成的版本前面的复选框为绿色。固件支持包在线安装如图 3-6、图 3-7 所示。

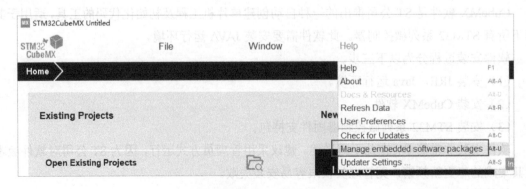

图 3-6　固件支持包在线安装（一）

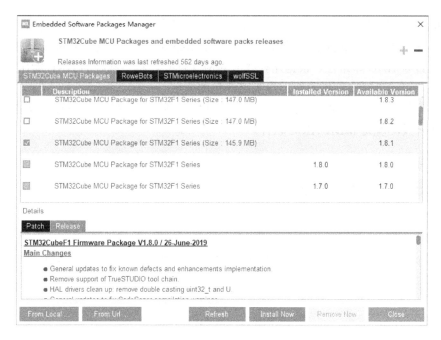

图 3-7　固件支持包在线安装（二）

（2）离线安装。离线安装需要提前下载好离线安装包，然后从库管理界面直接导入离线包，或者直接解压离线包到指定的路径。

图 3-8 所示为固件支持包离线安装，单击界面左下角的"From Local folder"按钮，在弹出的界面中选取下载好的 HAL 库安装压缩包。

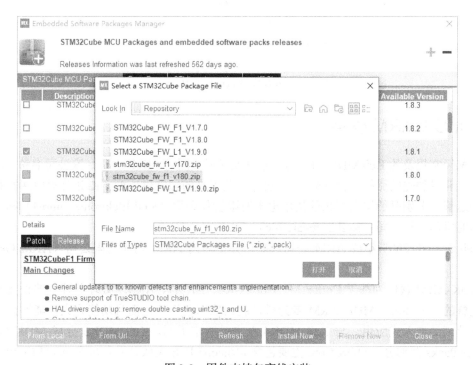

图 3-8　固件支持包离线安装

图 3-9、图 3-10 所示为固件支持包解压安装。打开安装好的 CubeMX 软件，进入库管理界面（Help→Updater Settings…），找到"Firmware Repository"里的"Repository Folder"，根据实际情况查看 HAL 库路径。根据路径找到对应文件夹，将下载好的 HAL 库压缩包解压到对应文件夹即可。离线安装推荐使用导入离线包的方法。

本书使用的 CubeMX 软件的版本是 5.3.0，HAL 库版本是 STM32Cube_FW_F1_V1.8.0，使用的集成开发环境是 MDK-ARM 软件。

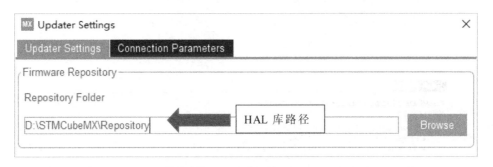

图 3-9 固件支持包解压安装（一）

图 3-10 固件支持包解压安装（二）

3.4 MDK-ARM 软件

大家经常提及的 Keil MDK 指的是一款开发工具。同时，Keil 也是一家公司名称。Keil 公司是一家业界领先的微控制器（MCU）软件开发工具的独立供应商。Keil 公司由两家私人公司联合运营，分别是德国慕尼黑的凯尔电子有限责任公司（Keil Elektronik GmbH）和美国得克萨斯的凯尔软件公司（Keil Software Inc）。

Keil 公司在 2005 年被 ARM 公司收购，并更名为 ARM 德国有限公司（ARM Germany GmbH）。

MDK-ARM 软件为基于 Cortex-M、Cortex-R4、ARM7、ARM9 处理器开发的设备提供了一个完整的开发环境。MDK-ARM 专为微控制器应用而设计，而且功能强大，能够满足大多数条件苛刻的嵌入式应用。与 Keil MDK4 及之前版本不同，Keil MDK5 分成 MDK Core 和 Software Packs 两部分。MDK Core 主要包含 uVision5 IDE 集成开发环境和 ARM Compiler5。Software Packs 则可以在不更换 MDK Core 的情况下，单独管理（下载、更新、移除）设备支持包和中间件更新包。

　　Keil 公司开发的 ARM 开发工具 MDK，是用来开发基于 ARM 核的一系列微控制器的嵌入式应用程序。它适合不同需求的开发者使用，包括专业的应用程序开发工程师和嵌入式软件开发的入门者。MDK-ARM 软件包含了工业标准的 Keil C 编译器、宏汇编器、调试器、实时内核等组件，支持所有基于 ARM 的设备。

　　MDK-ARM 软件有四个可用版本，分别是 MDK-Lite（免费评估版）、MDK-Essential（基础版）、MDK-Plus（标准版）、MDK-Professional（专业版）。所有版本均提供一个完善的 C / C++开发环境，其中 MDK-Professional 还包含大量的中间库。

　　读者可以去官网下载安装包，填写个人信息后即可完成下载。需要注意的是，安装路径请勿包含中文。

　　安装完 Keil5 后，需要使用用户自己安装相应的芯片支持包，从网站或光盘中找到对应的 MCU 芯片包后，双击打开进行安装。

3.5　硬件开发平台

　　有了软件开发平台，下面我们介绍一下硬件开发平台。这里需要说明的是，在做具体项目的时候，我们需要依赖硬件开发平台，但学习时不要局限于自己学习的硬件开发平台。举一个简单的例子，比如我们要点亮或熄灭硬件开发平台上的一个 LED 灯，首先我们要有一个硬件开发平台，否则没有 LED 灯可以点亮或熄灭，这就是必须依赖于硬件开发平台。比如在 A 硬件开发平台上，LED 灯连接到了芯片的 PB7 引脚，如果想要点亮或熄灭 LED 灯，就必须配置、控制 PB7 引脚。但是在 B 硬件开发平台上可能是 PC6 这个引脚连接 LED 灯，那么我们要使用 B 硬件开发平台上的这个 LED 灯，就需要配置、控制 PC6 这个引脚。虽然它们的引脚各不相同，但是控制 LED 灯的思路和原理是相同的，具体到代码中，如果实现的功能相同，那么对于硬件开发平台 A 和 B 来说，仅仅是代码中的端口号及引脚号不同，同学们要学会举一反三，这就是不要局限于自己学习的硬件开发平台。

　　本书使用的开发平台是新大陆公司的 M3 主控模块，其资源如下：

　　（1）微控制器芯片为 STM32F103VET6；

　　（2）2 个普通按键，1 个复位按键；

　　（3）1 个无源蜂鸣器；

　　（4）8MHz 外部晶振；

　　（5）2 个 485 接口；

　　（6）1 个 CAN 接口；

　　（7）9 个可编程控制 LED 灯；

　　（8）JTAG/SWD 接口。

3.6　创建一个工程模板

　　（1）在新建工程之前，我们首先在计算机的某个位置新建一个文件夹，命名为 STM32F103VE_KEIL_DEMO（名字随便起都可以），这是工程的根目录，之后在根目录下建立 4 个子文件夹，分别为 CORE、HALLIB、USER、OBJ。创建一个工程模板（一）如图 3-11 所示。

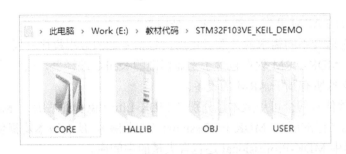

图 3-11　创建一个工程模板（一）

（2）打开 MDK-ARM 软件，依次单击"Project"→"New μVision Project…"，将目录定位到刚才新建的文件夹 STM32F103VE_KEIL_DEMO 之下的 USER 子目录，工程名取为 demo，之后单击保存。这样工程文件就都保存到 USER 文件夹下面了。创建一个工程模板（二）和（三）如图 3-12、图 3-13 所示。

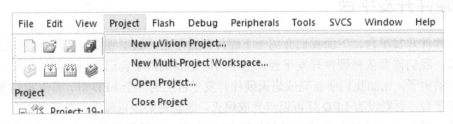

图 3-12　创建一个工程模板（二）

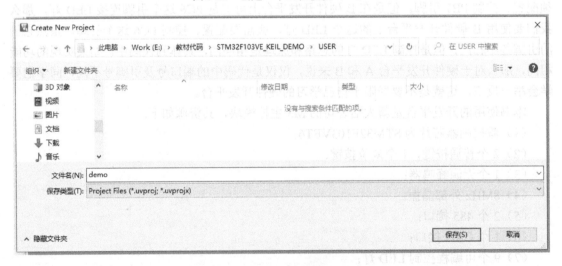

图 3-13　创建一个工程模板（三）

之后，会出现一个选择芯片型号的界面，这里我们可以直接单击左下角框中的列表（见图 3-14），依次单击"STMicroelectronics"→"STM32F1 Series"→"STM32F103"→"STMF103VE"。其他型号芯片的选择参照此方法。还可以在左侧的"Search"栏中直接输入芯片型号，之后选中即可。

选中芯片后，单击下方的"OK"按钮。创建一个工程模板（四）如图 3-14 所示。

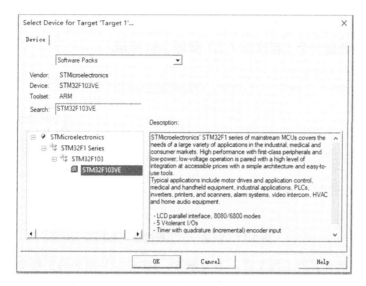

图 3-14　创建一个工程模板（四）

之后，MDK-ARM 软件会弹出"Manage Run-Time Environment"对话框，在这个对话框中，我们可以添加自己需要的组件，但是我们这里要手动添加，所以直接单击页面的"Cancel"按钮关闭即可。创建一个工程模板（五）如图 3-15 所示。

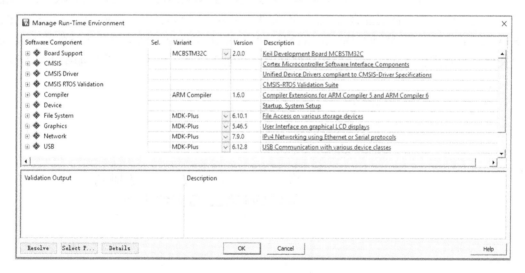

图 3-15　创建一个工程模板（五）

至此，工程雏形建立完毕，得到一个工程界面（见图 3-16）。

图 3-16　创建一个工程模板（六）

新建工程时，我们把工程文件存放在 USER 目录下，下面去看一下此刻 USER 目录下发生了怎样的变化。创建一个工程模板（七）如图 3-17 所示。

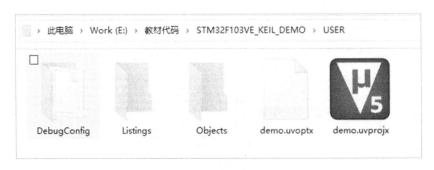

图 3-17　创建一个工程模板（七）

demo.uvprojx 是重要的工程文件，不可删除。MDK5.23 生成的工程文件以.uvprojx 为后缀。DebugConfig、Listings、Objects 三个文件夹是自动生成的文件夹。其中 DebugConfig 文件夹用于存储一些调试配置文件，Listings、Objects 两个文件夹用来存储 MDK-ARM 软件编译过程的一些中间文件。这里把 Listings、Objects 两个文件夹删除（不删除也没关系），之后在进行配置时，用 OBJ 文件夹来存放 MDK 编译过程的中间文件。

（3）接下来将官方库里的一些文件复制到新建的 STM32F103VE_KEIL_DEMO 文件夹的各子文件夹下面。本书使用的官方 HAL 库文件夹名为"STM32Cube_FW_F1_V1.8.0"。定位到 STM32Cube_FW_F1_V1.8.0\Drivers\STM32F1xx_HAL_Driver 下面，将目录下面的 Inc、Src 两个文件夹复制到新建立的 HALLIB 文件夹下面。创建一个工程模板（八）如图 3-18 所示。

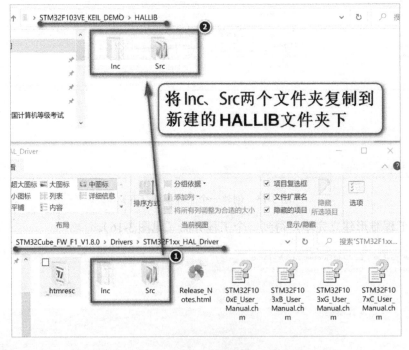

图 3-18　创建一个工程模板（八）

复制完毕后，定位到 STM32F103VE_KEIL_DEMO\HALLIB\Src 文件夹下面，将 stm32f1xx_hal_msp_template.c、stm32f1xx_hal_timebase_rtc_alarm_template.c、stm32f1xx_hal_timebase_tim_template.c 三个文件删除。

（4）将官方库里的启动文件及一些关键头文件复制到新建的 CORE 文件夹下。定位到 \STM32Cube_FW_F1_V1.8.0\Drivers\CMSIS\Device\ST\STM32F1xx\Source\Templates\arm 下面，将文件 startup_stm32f103xe.s 复制到 CORE 文件夹下。

定位到\STM32Cube_FW_F1_V1.8.0\Drivers\CMSIS\Include 下面，将里面的 cmsis_armcc.h、cmsis_armclang.h、cmsis_compiler.h、core_cm3.h、cmsis_version.h 复制到 CORE 文件夹下。

定位到 STM32Cube_FW_F1_V1.8.0\Drivers\CMSIS\Device\ST\STM32F1xx\Include 下面，将 stm32f1xx.h、system_stm32f1xx.h 和 stm32f103xe.h 复制到 CORE 文件夹下。

创建一个工程模板（九）图 3-19 所示。

图 3-19 创建一个工程模板（九）

（5）定位到\STM32Cube_FW_F1_V1.8.0\Projects\STM3210E_EVAL\Templates\Inc 下面，将该文件夹下的 main.h、stm32f1xx_hal_conf.h、stm32f1xx_it.h 复制到 USER 文件夹下；定位到 \STM32Cube_FW_F1_V1.8.0\Projects\STM3210E_EVAL\Templates\Src 下面，将该文件夹下的 main.c、stm32f1xx_hal_msp.c、stm32f1xx_it.c、system_stm32f1xx.c 复制到 USER 文件夹下。创建一个工程模板（十）如图 3-20 所示。

图 3-20 创建一个工程模板（十）

（6）至此，工程模板所需要的文件均已复制到个人新建的 STM32F103VE_KEIL_DEMO 文件夹中。接下来，我们需要将这些文件添加到工程中。

（7）在工程窗口中右击"Target1"，选中"Manage Project Items..."。创建一个工程模板（十一）如图 3-21 所示。

（8）在"Project Targets"一栏中，可以对 Target 名字进行修改（双击），这里修改为"DEMO"，然后将"Groups"一栏中的"Source Group1"删除，建立 3 个新的 Group，分别是"USER""CORE""HALLIB"，然后单击"OK"按钮。创建一个工程模板（十二）如图 3-22 所示。从图 3-22 中可以看到，工程中的"Target"名字已经改为"DEMO"，它的下面有三个组。

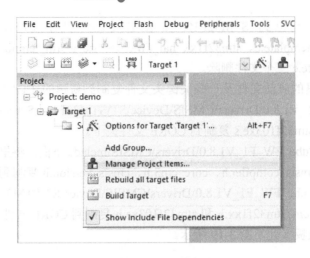

图 3-21　创建一个工程模板（十一）

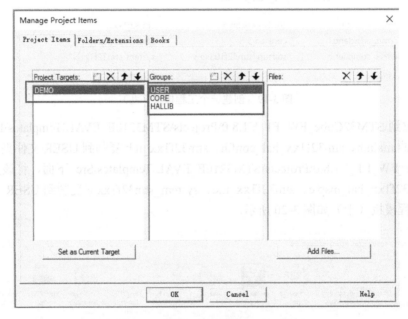

图 3-22　创建一个工程模板（十二）

（9）下面需要我们往工程中新建的三个组里面添加要用到的文件。按照（8）中的方法，右击"DEMO"，选择"Manage Project Items"，然后选择需要添加文件的组，我们先选择"HALLIB"，然后单击右侧的 Add Files 按钮，找到刚刚新建的 HALLIB\Src，将里面所有的文件选中，然后单击"Add"按钮，再单击"Close"按钮。可以看到最右侧的"Files"栏中出现了我们刚刚添加的文件。创建一个工程模板（十三）如图 3-23 所示。特别提示，这里只是演示，并非所有文件都需要，以后可以按需添加文件。

在"Files"栏中找到"stm32f1xx_hal.c"，我们尝试将其删除（并不是真的删除，举例而已），单击选中该文件，然后单击"Files"栏右边的×按钮就可以。如果删除了，请依照上面添加文件的步骤再将文件加入工程中。

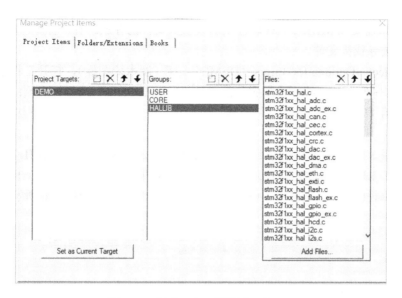

图 3-23　创建一个工程模板（十三）

用同样的方法，将 Groups 定位到"USER"文件夹下，将"USER"文件夹下的"main.c""stm32f1xx_hal_msp.c""stm32f1xx_it.c""system_stm32f1xx.c"添加到工程中；将 Groups 定位到"CORE"文件夹下，将"CORE"文件夹下的"startup_stm32f103xe.s"添加到工程中，注意因为该文件的后缀为".s"，添加文件时，需要将最下方的文件类型更改为所有文件（All Files），这样才能看见"startup_stm32f103xe.s"，之后再将文件添加到工程中去。

添加所有文件到工程中之后，我们单击"OK"按钮，回到 MDK 工程主界面。创建一个工程模板（十四）如图 3-24 所示。

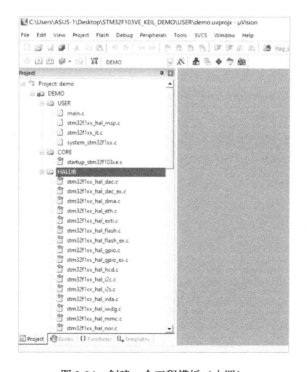

图 3-24　创建一个工程模板（十四）

（10）接下来需要在 MDK-ARM 软件里面设置头文件的存放路径，也就是要告诉 MDK 到哪些目录下面去寻找头文件。

单击 "Project→Options for Target 'DEMO' …"（魔术棒图标），打开工程设置界面，选中上方的 "C/C++" 标签，找到该配置界面下的 "Include Paths" 选择框右侧的按钮，在弹出的界面中，像第（9）步骤中添加文件一样，添加头文件路径。创建一个工程模板（十五）如图 3-25 所示。

我们把路径\STM32F103VE_KEIL_DEMO\CORE、\STM32F103VE_KEIL_DEMO\USER、\STM32F103VE_KEIL_DEMO\HALLIB\Inc 添加到头文件路径中。特别强调，HALLIB 中需要添加到头文件路径的是 Inc 文件夹。创建一个工程模板（十六）如图 3-26 所示。

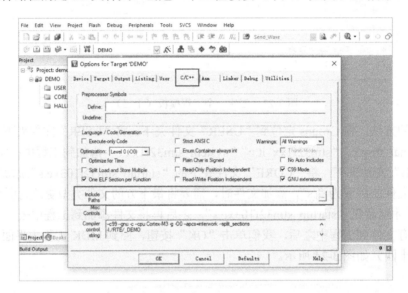

图 3-25　创建一个工程模板（十五）

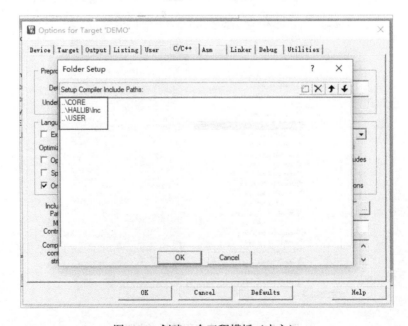

图 3-26　创建一个工程模板（十六）

（11）接下来，需要添加全局宏定义标识符，所谓全局宏定义标识符，就是该标识符在工程中任何地方都可见。添加全局宏定义标识符的方法是，单击"Options for Target 'DEMO' …"的快捷方式，进入 C/C++选项卡，在 Define 输入框里输入"USE_HAL_DRIVER,STM32F103xE"。注意中间用英文字符逗号隔开。创建一个工程模板（十七）如图 3-27 所示。

图 3-27　创建一个工程模板（十七）

（12）在编译工程之前，我们要选择编译中间文件存放的目录，这里我们把它放到 OBJ 文件夹下。更改编译中间文件存放目录的方法是，单击魔术棒图标，选择"Output"选项卡下面的"Select Folder for Objects..."，然后选择目录为自己新建的 OBJ 目录，依次单击"OK"按钮即可。创建一个工程模板（十八）和（十九）如图 3-28、图 3-29 所示。

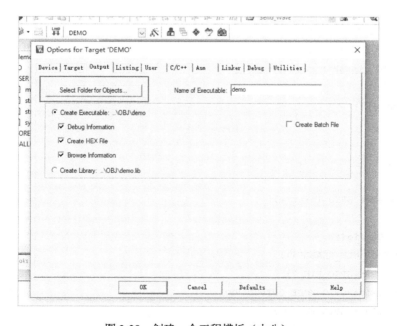

图 3-28　创建一个工程模板（十八）

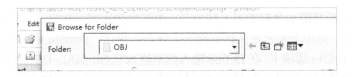

图 3-29　创建一个工程模板（十九）

设置完毕后，回到 Output 选项卡，这里将"Create HEX File"及"Browse Information"都勾选上。Create HEX File 是要求编译之后生成 HEX 文件，生成的 HEX 名称也可以更改，在右侧的 Name of Executable 中输入名称即可，编译后就会生成设置好名称的.hex 文件，Browse Information 是方便我们查看工程中的一些函数变量定义的。创建一个工程模板（二十）如图 3-30 所示。

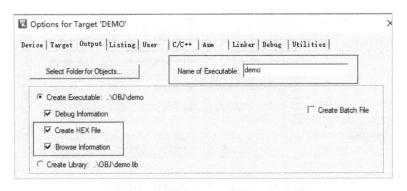

图 3-30　创建一个工程模板（二十）

（13）接下来，在编译之前，我们单击进入 main.c 文件中，将 main.c 文件里的内容替换为如下内容，其中 void SystemClock_Config(void)函数在原文件中有，可以保留。

```c
#include "main.h"

void SystemClock_Config(void);
void Delay(__IO uint32_t nCount);
void Delay(__IO uint32_t nCount)
{
  while(nCount--){}
}

int main(void)
{
  GPIO_InitTypeDef GPIO_Initure;
  HAL_Init();
  SystemClock_Config();
  __HAL_RCC_GPIOE_CLK_ENABLE();
  GPIO_Initure.Pin=GPIO_PIN_7;
  GPIO_Initure.Mode=GPIO_MODE_OUTPUT_PP;
  GPIO_Initure.Pull=GPIO_PULLUP;
  GPIO_Initure.Speed=GPIO_SPEED_FREQ_HIGH;
```

```
  HAL_GPIO_Init(GPIOE,&GPIO_Initure);
  while(1)
  {
    HAL_GPIO_WritePin(GPIOE,GPIO_PIN_7,GPIO_PIN_SET);
    Delay(0x7FFFFF);
    HAL_GPIO_WritePin(GPIOE,GPIO_PIN_7,GPIO_PIN_RESET);
    Delay(0x7FFFFF);
  }
}


void SystemClock_Config(void)
{
  RCC_ClkInitTypeDef clkinitstruct = {0};
  RCC_OscInitTypeDef oscinitstruct = {0};

  /* Enable HSE Oscillator and activate PLL with HSE as source */
  oscinitstruct.OscillatorType = RCC_OSCILLATORTYPE_HSE;
  oscinitstruct.HSEState       = RCC_HSE_ON;
  oscinitstruct.HSEPredivValue = RCC_HSE_PREDIV_DIV1;
  oscinitstruct.PLL.PLLState   = RCC_PLL_ON;
  oscinitstruct.PLL.PLLSource  = RCC_PLLSOURCE_HSE;
  oscinitstruct.PLL.PLLMUL     = RCC_PLL_MUL9;
  if (HAL_RCC_OscConfig(&oscinitstruct)!= HAL_OK)
  {
    /* Initialization Error */
    while(1);
  }

  /* Select PLL as system clock source and configure the HCLK, PCLK1 and PCLK2 clocks
dividers */
  clkinitstruct.ClockType = (RCC_CLOCKTYPE_SYSCLK | RCC_CLOCKTYPE_HCLK |
RCC_CLOCKTYPE_PCLK1 | RCC_CLOCKTYPE_PCLK2);
  clkinitstruct.SYSCLKSource = RCC_SYSCLKSOURCE_PLLCLK;
  clkinitstruct.AHBCLKDivider = RCC_SYSCLK_DIV1;
  clkinitstruct.APB2CLKDivider = RCC_HCLK_DIV1;
  clkinitstruct.APB1CLKDivider = RCC_HCLK_DIV2;
  if (HAL_RCC_ClockConfig(&clkinitstruct, FLASH_LATENCY_2)!= HAL_OK)
  {
    /* Initialization Error */
    while(1);
  }
}
```

（14）先单击保存图标，保存 main.c 文件中所做的更改，然后单击编译当前源文件图标。
创建一个工程模板（二十一）如图 3-31 所示。

图 3-31   创建一个工程模板（二十一）

查看输出窗口的编译结果，出现一处错误（见图 3-32），双击错误提示就会跳转到在右侧工作区第 26 行的错误位置，将第 26 行代码删除，或注释掉即可。之后双击工程窗口"USER"文件夹下的 main.c 文件，再次单击编译按钮，程序编译通过。创建一个工程模板（二十三）如图 3-33 所示。此时没有错误也没有警告。

图 3-32   创建一个工程模板（二十二）

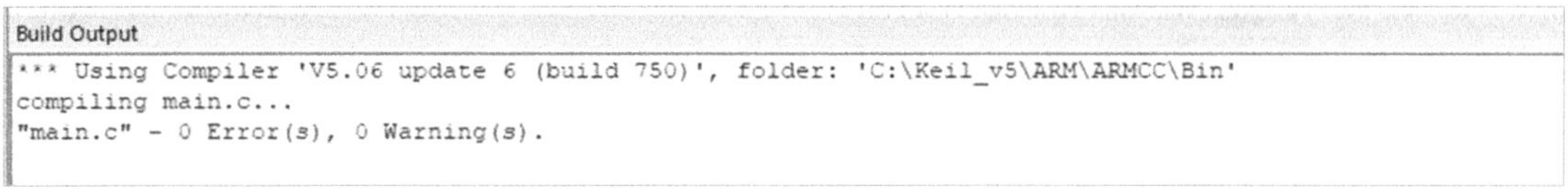

```
Build Output
*** Using Compiler 'V5.06 update 6 (build 750)', folder: 'C:\Keil_v5\ARM\ARMCC\Bin'
compiling main.c...
"main.c" - 0 Error(s), 0 Warning(s).
```

图 3-33　创建一个工程模板（二十三）

在 Keil 编程环境下，有 Translate、Build、Rebuild 三个编译选项（见图 3-34）。

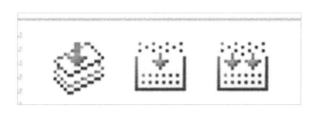

图 3-34　创建一个工程模板（二十四）

Translate 是编译当前改动的源文件，在这个过程中检查语法错误，但并不生成可执行文件；Build 是只编译工程中上次修改的文件及其他依赖于这些修改过的文件的模块，同时重新连接生成可执行文件。如果工程之前没编译链接过，它会直接调用"Rebuild All"。另外，在技术文档中，Build 实际上是指 increase build，即增量编译。Rebuild 是不管工程的文件有没有编译过，都会对工程中所有文件重新进行编译并生成可执行文件，因此时间较长。

（15）接下来，我们单击 Build 按钮，在"Build Output"窗口中看到，0 个错误，0 个警告，编译完成。我们再次回到步骤（12），在该步骤中，我们设置生成.hex 的文件，文件名为"demo"，存放位置为工程文件夹下的 OBJ 文件夹。我们在 OBJ 文件夹下可以找到文件"demo.hex"。将该文件下载到芯片内，芯片便会执行编写的程序，控制 LED1 灯的亮灭。

3.7　下载程序

利用 USB 转串口线连接计算机和开发板，从计算机设备管理器中查看，该端口号为 COM4，计算机设备管理器中的端口管理如图 3-35 所示（每个设备不同，其他设备不一定是 COM4，根据实际情况选择）。

在计算机上打开软件"Demonstrator GUI"，（见图 3-36）。

在弹出的窗口中，根据实际情况选择端口号（读者需要根据实际情况选择），单击"Next"按钮。注意选择波特率为 115200，选择偶校验（Even），下载软件参数设置如图 3-37 所示。如果不能打开端口或未显示端口，请检查开发板是否正确连接至计算机，开发板上 JP1 开关是否拨至 BOOT 端，检查完毕后，按开发板下方的 RST1（复位）按钮再试。

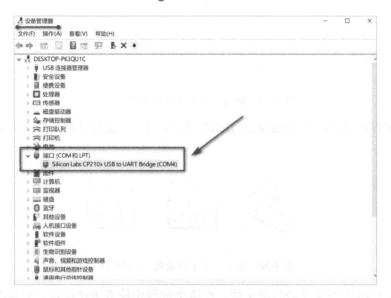

图 3-35　电脑设备管理器中的端口管理

图 3-36　Demonstrator GUI 图标

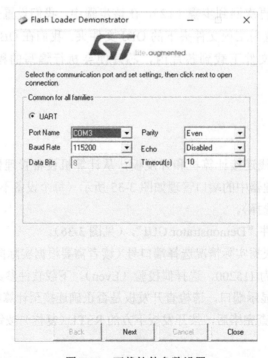

图 3-37　下载软件参数设置

当界面变为如图 3-38 所示的界面，继续单击下方的"Next"按钮。

当界面变为如图 3-39 所示的界面，继续单击下方的"Next"按钮。

 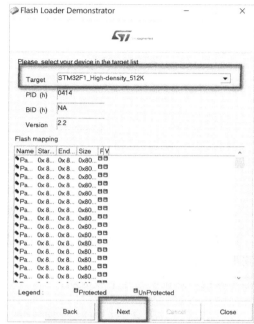

図 3-38　下载软件下载步骤（一）　　　　　　図 3-39　下载软件下载步骤（二）

在新界面中（见图 3-40），选中①处的"Download to device"，然后单击②处的省略号，选择需要下载的 hex 文件，单击②处后，会弹出文件选择界面，由于默认不显示 hex 文件，需要手动选择显示 hex 文件，并选中要下载的文件（见图 3-41），之后回到图 3-40 所示的界面，单击"Next"按钮，继续下一步。

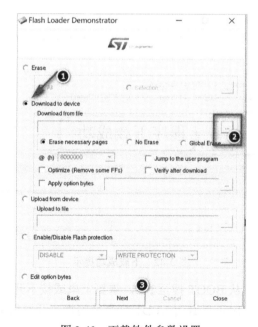

図 3-40　下载软件参数设置

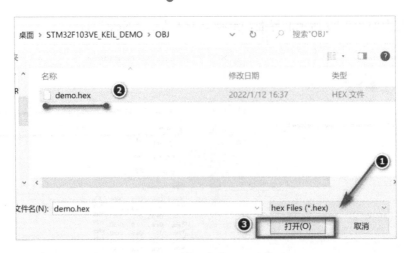

图 3-41　待下载的 hex 文件

进行了上述操作后，软件会进行程序下载，并显示程序下载成功提示（见图 3-42），图中矩形框为下载进度条位置，如果下载成功，会提示"Download operation finished successfully"并显示绿色。这说明程序下载成功。

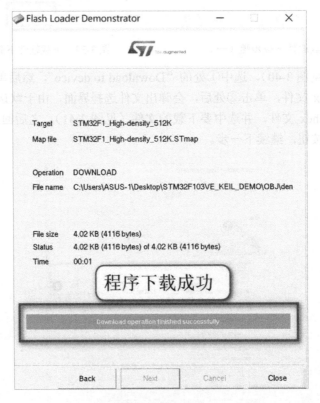

图 3-42　下载成功提示

将开发板上的 JP1 开关从 BOOT 拨至 NC，重新上电或按下开发板底部的 RST1 按钮后，即可观察程序运行情况，这时可以看到 LED1 灯交替闪烁。开发板上 LED1 灯表现的现象与程序控制逻辑一致。

本章小结

本章首先简单介绍了嵌入式软件系统设计流程、开发环境的搭建，之后介绍了 STM32 系列微控制器的标准库、HAL 库、CubeMX 软件及 MDK-ARM 软件，重点介绍了利用 HAL 库针对本书所用芯片（STM32F103VET6）新建一个工程，并利用串口下载程序到开发板上的方法及详细步骤。

思考与练习

1．简述嵌入式系统设计流程。

2．搭建一个嵌入式系统交叉开发环境需要哪些部分？目标机、评估电路板等。

3．相比直接使用寄存器开发的方式，使用固件库进行开发有哪些优点？

4．固件库的本质是什么？

5．按书中介绍，练习安装 CubeMX 软件。

6．按书中介绍，练习使用 HAL 库新建一个工程，并生成名为"stm32f103vedemo"的 hex 文件。

7．将 6 中生成的 hex 文件，按照书中介绍，利用串口下载方式下载到开发板上。

第 4 章

使用 CubeMX 软件生成开发项目

当我们面对一个全新或未掌握的微控制器时，它就像一个魔盒一样，让人无从下手，想要打开这个魔盒，需要两把钥匙，其中一把钥匙一般是硬件开发工具，即本书使用的开发板、调试工具等；另一把钥匙就是软件开发工具，即第 3 章已经简单介绍了的 MDK-ARM 开发软件、CubeMX 软件、STM32 固件库等。

本章主要介绍使用 CubeMX 快速生成开发项目，创建的工程项目与上一章中创建的工程一致，实现的功能同样是使所用开发板上的 LED1 灯交替闪烁。在此之前，假设硬件平台已搭建完毕，我们想编写程序并下载到开发板上，使开发板上的 LED1 灯交替闪烁，我们先回顾一下上一章节的内容，该如何实现？

逆向思路梳理一下。

（1）开发板上的 LED1 灯的亮灭方式需要通过查看电路图进行确定，这里明确一下，LED1灯是发光二极管，其正极经过电阻与电源（3.3V）相连，其负极与芯片的 PE7 引脚相连，LED1灯电路图如图 4-1 所示。PE7 引脚可以被设置为高电平（3.3V）或低电平（0V），如果想让LED1 灯亮，那么需要将 PE7 设置为低电平，如果想让 LED1 灯灭，需要将 PE7 设置为高电平。

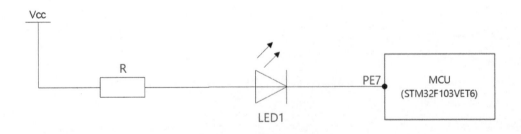

图 4-1　LED1 灯电路图

（2）明确了如何让 LED1 灯亮或灭，那么就需要编写程序来实现我们的想法。

（3）软件开发工具有许多，这里我们选用 KEIL 公司的 MDK-ARM 开发软件，在 MDK-ARM 开发软件中建立工程，编写代码实现对 LED1 灯的控制（其实就是对 PE7 的控制）。

（4）明确使用 MDK-ARM 开发软件，那么我们就需要对集成开发环境做出必要的设置，使其能与目标芯片的特性相匹配。除此之外，基于 ARM 内核的芯片内部功能较为复杂，为了降低开发难度、增加代码的可移植性，一般使用集成的函数库来为微控制器开发应用程序（固件库）。

（5）使用官方提供的 HAL 库，以及 MDK-ARM 开发软件新建一个工程，做出必要配置后，在 main( )函数中编写代码，实现对 LED1 灯亮灭的控制。

以上 5 个步骤就是对上一章中新建工程及其配置的总结。其中第（5）步要求我们建立一个工程，并做出相应配置后，在工程中添加或编写代码，实现相关功能。不过，对于一个初学者来说，使用第 3 章的 3.6 节所述内容新建工程仍有一定难度，过程相对烦琐。基于此，下面我们就使用意法半导体公司推出的 CubeMX 软件新建一个工程，相比使用第 3 章 3.6 节新建一个工程使用的方法，使用 CubeMX 更加方便快捷，图形化的界面操作也更加容易被人接受。

4.1 CubeMX 软件使用介绍

接下来我们学习如何使用 CubeMX 软件来新建一个工程。

（1）打开 CubeMX 软件，依次单击"File"→"New Project"进入 MCU 选择器。选择 MCU 界面如图 4-2 所示。

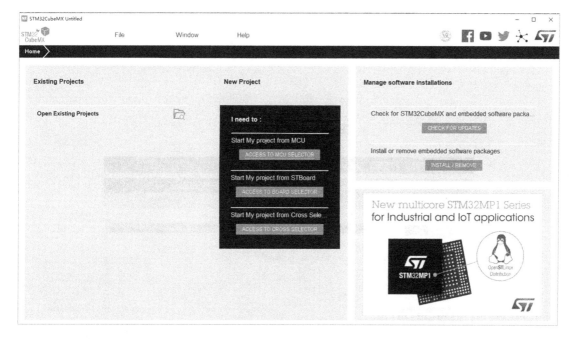

图 4-2　选择 MCU 界面

（2）选择对应型号的 MCU，本书使用的 MCU 为 STM32F103VE 系列，具体型号为 STM32F103VET6。查询 MCU 界面如图 4-3 所示，在左上角的搜索框（Part Number Search）中输入具体型号信息，右下角的 MCU/MPU 列表中就会显示查询结果，找到正确型号后，双击选中 MCU 即可。选中后界面会变为如图 4-4 所示的配置时钟源参数界面。

（3）配置时钟源，如果选择使用外部高速时钟，则需要在 System Core 中配置 RCC，如果使用默认的内部时钟，本步骤可省略。在"Pinout & Configuration"标签页下的"Categories"中，单击第一行的"System Core"，在展开的项目中，找到"RCC"，单击进入。选中后，中间会出现"RCC Mode and Configuration"，在"Mode"栏内，将第一行"High Speed Clock(HSE)"

的参数选择为"Crystal/Ceramic Resonator"，即选择晶振。

图 4-3　查询 MCU 界面

图 4-4　配置时钟源参数界面

（4）选择 GPIO 引脚，LED1 灯的控制引脚为 PE7，在"Pinout & Configuration"标签页

下的"Categories"中，单击第一行的"System Core"，在展开的项目中，找到"GPIO"，单击进入。在最右侧的芯片图形界面中，有很多引脚标识，找到"PE7"，也可以在界面右下角的搜索框中输入"PE7"查找。找到 PE7 引脚后，单击它，在弹出的参数表中，选中"GPIO_Output"。引脚配置如图 4-5 所示。

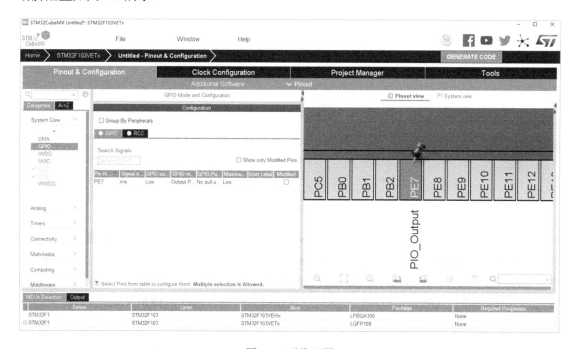

图 4-5　引脚配置

设置成功后，芯片图形界面中的 PE7 引脚处就会变为绿色，并显示该引脚被设置的参数是"GPIO_Output"。引脚配置完成提示如图 4-6 所示。

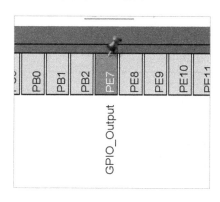

图 4-6　引脚配置完成提示

（5）配置时钟。单击最上方的标签"Clock Configuration"，切换到时钟配置界面，时钟参数设置如图 4-7 所示。按照图 4-7 中框内标记的参数或选项进行设置。

本书所用开发板的外部晶振为 8MHz，先将最左侧中部的"Input Frequency"参数设置为8，之后选择"HSE"，选择 9 倍频，系统时钟源选择"PLLCLK"，最后将 APB1 总线的分频系数设置为 2。

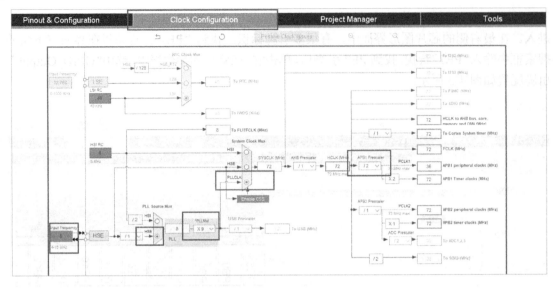

图 4-7　时钟参数设置

（6）工程管理。单击最上方的标签"Project Manager"，切换到工程管理配置界面，工程管理参数设置如图 4-8 所示。依次设置图 4-8 中框内的各配置项。其他项使用默认配置即可。本书根据实际，将工程名（Project Name）设置为"GPIOLED1"，工程路径（Project Location）设置为电脑桌面的"GPIO_LED1"文件夹，选择的 IDE 为"MDK-ARM V5"。

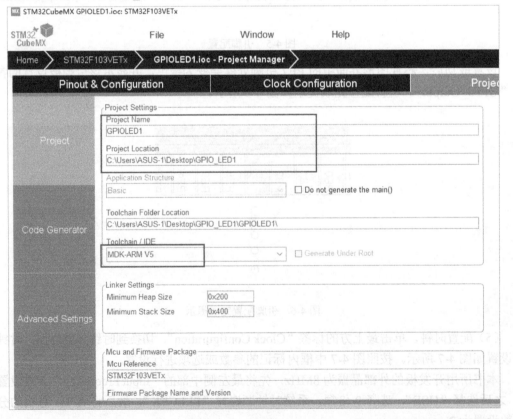

图 4-8　工程管理参数设置

（7）生成代码。以上全部设置完毕后，就可以生成代码了，单击 CubeMX 软件右上角的"GENERATE CODE"按钮，生成代码。成功生成代码后，弹出的提示框有三个按钮，分别是"Open Folder"（打开工程文件夹）、"Open Project"（打开工程）和"Close"（关闭提示信息）。成功生成代码提示如图 4-9 所示。

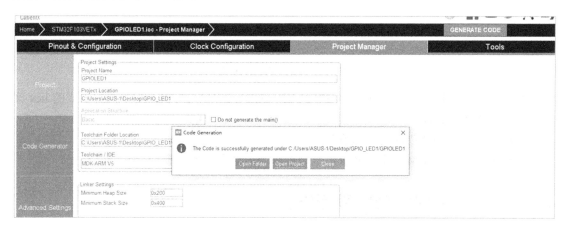

图 4-9　成功生成代码提示

（8）经过以上步骤生成的代码为基础代码，还不够完善，需要我们添加自己的应用代码。在工程文件夹"GPIOLED1"下的"MDK-ARM"文件夹内，找到"GPIOLED1.uvprojx"，双击打开工程。工程界面如图 4-10 所示。

依次单击工程目录"GPIOLED1"→"Application/User"，双击"main.c"打开文件。在打开文件的第 99 行，即 main 函数的主循环中，添加 LED1 灯闪烁的代码，并编译工程，生成hex 文件。工程中添加代码如图 4-11 所示。

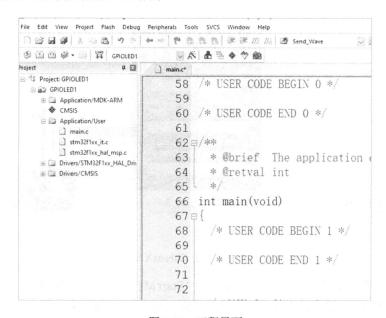

图 4-10　工程界面

```
 95    /* Infinite loop */
 96    /* USER CODE BEGIN WHILE */
 97    while (1)
 98    {
 99      HAL_Delay(500);
100      HAL_GPIO_TogglePin(GPIOE, GPIO_PIN_7);
101      /* USER CODE END WHILE */
102
103      /* USER CODE BEGIN 3 */
104    }
105    /* USER CODE END 3 */
```

图 4-11   工程中添加代码

（9）在工程文件夹下，按照路径 "GPIOLED1\MDK-ARM\GPIOLED1" 找到生成的 hex 文件，然后按照第 3 章第 3.7 节介绍的下载程序的步骤将其下载到开发板上。

（10）开发板上的 LED1 灯一直在闪烁。

以上就是使用 CubeMX 软件来新建一个工程的方法和基本步骤。

4.2　CubeMX 软件窗口界面描述

本书使用的 CubeMX 软件版本为 5.3.0。

打开软件，首先进入的 CubeMX 软件界面如图 4-12 所示，共有五大部分，分别是 "菜单" "社交媒体" "已存在工程" "新建工程" "软件管理"。

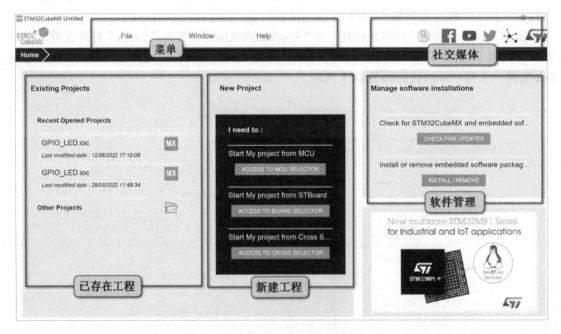

图 4-12   首先进入的 CubeMX 软件界面

其中，最主要的是 "新建工程" 界面中的 "Start My project from MCU"，单击 "ACCESS TO MCU SELECTOR" 就会进入 MCU 选择器界面。当然，单击其下方的 "ACCESS TO BOARD SELECTOR" 会进入 BOARD 选择器界。这里我们以本书重点内容展开描述，即进入 MCU 选择器界面（见图 4-13）。

图 4-13　MCU 选择器界面

在 MCU 选择器界面中，顶端是"选择器切换栏"，左侧为"筛选器"，可以直接输入型号，也可以根据特点进行筛选。一般情况下，我们直接输入型号，右下方的"列表"里就会匹配相应的器件，所有符合筛选条件的器件都会在列表里显示出来。单击列表中的某个器件，在列表上方的"描述框"内，就会有该款芯片的介绍。

找到正确的型号后，双击列表中的对应行即可打开新的界面，即配置界面，配置界面如图 4-14 所示。

图 4-14　配置界面

在图 4-14 所示的软件界面内的上方位置总共有 4 个标签,分别为"Pinout & Configuration""Clock Configuration""Project Manager""Tools"。

其中,"Pinout & Configuration"为引脚及其他资源配置、"Clock Configuration"为时钟配置、"Project Manager"为工程管理、"Tools"为工具。

在"Pinout & Configuration"界面中有很多内容,也是学习的重点和难点。其中最左侧是"资源栏",最右侧则是引脚预览界面。

选择资源栏中的某个资源,然后单击具体项目后,会在中间出现配置界面,如单击"System Core"中的"GPIO",在引脚预览界面中,单击 PE7 引脚并设置为"GPIO Output"(此处为举例),相关界面中即显示出 PE7 引脚的相关配置选项。GPIO 配置界面如图 4-15 所示。

图 4-15　GPIO 配置界面

在 Clock Configuration(时钟配置)界面中,可以进行时钟参数配置。STM32 各个系列的时钟都比较强大,同时各系列、各型号的时钟树也可能有差异。

CubeMX 软件的时钟配置具有强大功能,使用图形化界面,可以让人进行更加直观的操作。

同时,时钟配置里面有各种提示信息:比如可选择的分频倍频、最大时钟频率、警告错误提示等,时钟配置界面如图 4-16 所示。

工程管理界面如图 4-17 所示。

其中,左侧有三个可以切换的标签,分别为"Project"(工程管理)、"Code Generator"(代码生成)及"Advanced Settings"(高级设置)。

图 4-17 右半部分显示的是"Project"标签下的配置界面。

在"Project Setting"(工程设置)中,可以设置 5 个参数,分别如下。

(1)Project Name:工程名称。

例如,aaa.uvprojx,以及对应工程里面的目标名称。

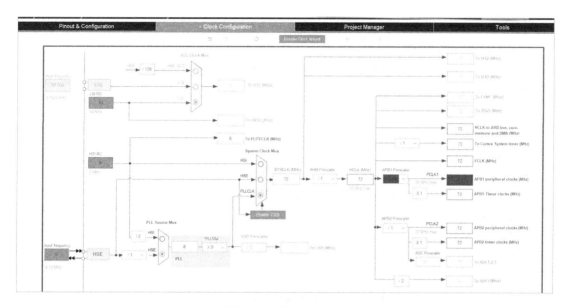

图 4-16 时钟配置界面

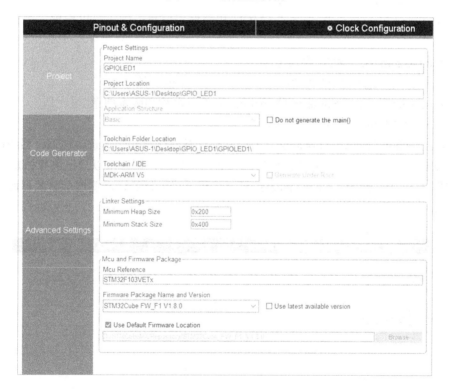

图 4-17 工程管理界面

（2）Project Location：工程存放路径。

例如，C:\Users\ASUS-1\Desktop\05-01_GPIO_LED\。

（3）Application Struture：应用程序结构。

这里包含两个选项：Basic 和 Advanced。

Basic 是基础的结构，一般不包含中间件（RTOS、文件系统、USB 设备等）。

Advanced 包含中间件，一般针对相对复杂一点的工程。

（4）Toolchain Folder Location：工具链文件夹路径。

这个是软件根据上面的 Project Name 和 Project Location 得出来的，用户不能修改。

（5）Toolchain/IDE：工具链选择。

其包含的选项如下。

- EWARM V7。
- EWARM V8。
- MDK-ARM V4。
- MDK-ARM V5（本书选用 MDK-ARM V5）。
- TrueSTUDIO。
- SW4STM32。
- Makefile。
- 其他。

在"Linker Settings"（堆栈设置）中，可以设置堆和栈的大小。

默认值：Heap 堆为 0x200，Stack 栈为 0x400。

在"Mcu and Firmware Package"（MCU 和固件库信息）中，可以配置三个选项，具体如下。

（1）Mcu Reference：MCU 参考型号。

这个是根据用户选择的 MCU 型号决定的，用户不能直接修改。

（2）Firmware Package Name and Version：固件包名称和版本信息。

例如，STM32Cube FW_F1_V1.8.0。

（3）Use Default Firmware Location：若用户使用默认固件包，勾选该选项，系统就会根据相关设置默认匹配固件包，一般建议默认。当然，不勾选，用户可以自己选择指定固件包。

单击图 4-17 中左侧的"Code Generator"（代码生成）标签，右侧展示新的界面。代码生成界面如图 4-18 所示。

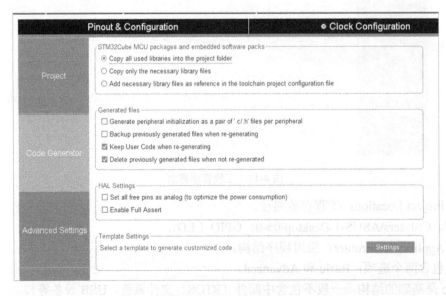

图 4-18　代码生成界面

右侧的界面总共分为 4 部分，分别是"STM32Cube MCU packages and embedded software packs"（固件包复制）、"Generated files"（生成文件）、"HAL Settings"（HAL 设置）和"Template Settings"（模板设置）。

其中，固件包复制选项中有如下 3 个选项。

（1）Copy all used libraries into the project folder（将所有使用过的库复制到项目文件夹中）。

该选项不管用户是否会用到，都将所有使用过的库复制到工程目录下。这样一来，工程目录下的文件就比较多。

（2）Copy only the necessary library files（只复制必要的库文件）。

这个选项相比上一个选项减少了很多文件，比如你没有使用 CAN、SPI 等外设，就不会复制相关库文件到你工程下。

（3）Add necessary library files as reference in the toolchain project configuration file（在工具链项目配置文件中添加必要的库文件作为参考）。

该选项没有复制 HAL 库文件，只添加了必要文件（如 main.c）。

在生成的文件选项中，有如下 4 个选项。

（1）Generate peripheral initialization as a pair of'.c/.h' files per peripheral（每个外设生成独立的'.c/.h'文件）。

不勾选：所有初始化代码都生成在 main.c 中。

勾选：初始化代码生成在对应的外设文件中，如 UART 初始化代码生成在 uart.c 中。

（2）Backup previously generated files when re-generating（在重新生成时备份以前生成的文件）。

若勾选该选项，则在重新生成代码时，会在相关目录中生成一个 Backup 文件夹，将之前的源文件复制到其中。

（3）Keep User Code when re-generating（在重新生成时保留用户代码）。

例如，某人在 main.c 中添加了一段代码，重新生成代码时，会在 main.c 中保留这个人添加的这段代码。

注意：保留代码的前提是这段代码写在规定的位置，也就是 BEGIN 和 END 之间，否则同样会删除。

（4）Delete previously generated files when not re-generated（删除以前生成，但现在没有生成的文件）。

例如，如果之前已经生成了 spi.c，现在重新配置没有 spi.c，则会删除之前的 spi.c 文件。

HAL 设置选项中，有如下 2 个选项。

（1）Set all free pins as analog (to optimize the power consumption)［将所有空闲引脚设置为模拟（以优化功耗）］。做低功耗产品时这个选项有必要勾选。

（2）Enable Full Assert（使能所有断言）。这个选项是参数检查。

在模板设置中，Select a template to generate customized code 是选择一个模板来生成自定义代码的意思。

单击图 4-17 中左侧的"Advanced Settings"（高级设置），右侧会显示新的界面。高级设置界面如图 4-19 所示。

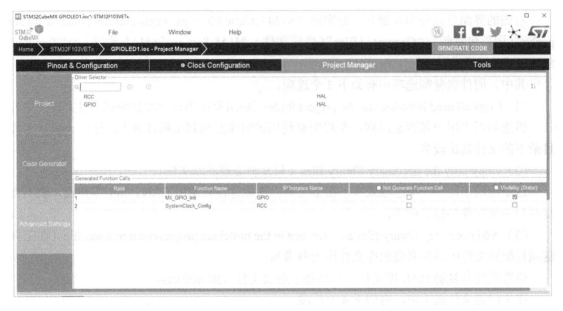

图 4-19　高级设置界面

（1）Driver Selector（驱动选择），主要是针对工程中使用到的外设，用来选择使用 HAL 驱动还是 LL 驱动。

（2）Generated Function Calls（调用函数），此处需要配置的参数有 2 个，分别是"Not Generate Function Call"（不生成函数调用）和"Visibility (Static)"［可见性（静态）］。

① Not Generate Function Call，其代表的意思是代码不调用对应初始化函数。

例如，GPIO 项勾选 Not Generate Function Call，则 main.c 函数中就不会调用 MX_GPIO_Init 这个函数。

② Visibility (Static)。这个就是初始化代码声明为 Static。

本章小结

本章介绍了 CubeMX 软件的使用，以第 3 章所讲的工程任务为目标，举例说明了如何上手 CubeMX 软件，并说明了新建一个工程的思路、操作步骤。之后介绍了 CubeMX 软件的各窗口界面。

思考与练习

1．如何在 CubeMX 软件中选择型号为 STM32F103VET6 的芯片？
2．如何在 CubeMX 软件中设置外部晶振为 25MHz？
3．如何在 CubeMX 软件中设置，使得生成的工程中每个外设生成独立的.c 和.h 类型文件？

第 5 章

通用输入输出口

5.1 GPIO 概述

GPIO 是微控制器的数字输入输出基本模块,可以实现微控制器与外部设备之间的数字交换,可以输入或输出数字信号。例如,输出信号点亮或熄灭 LED 灯,检测按键输入信号。借助 GPIO,微控制器可以实现对外围设备的监控,当微控制器没有足够的 I/O 引脚或片内存储器时,GPIO 还可以实现串行或并行通信、存储器扩展等复用功能。根据具体型号不同,STM32F103 系列微控制器的 GPIO 可以提供最多 112 个多功能双向 I/O 引脚。这些 I/O 引脚依次分布在 GPIOA、GPIOB、GPIOC、GPIOD、GPIOE、GPIOF 和 GPIOG 端口中。端口号通常以大写字母命名,从 A 开始,依次类推。例如,GPIOA、GPIOB、GPIOC 等。每个端口有 16 个 I/O 引脚,分别命名为 0~15。

例如,STM32F103VET6 微控制器共有 80 个引脚,分为 5 个端口,即 GPIOA、GPIOB、GPIOC、GPIOD、GPIOE。每个端口有 16 个 I/O 引脚。例如,GPIOA 端口有 16 个引脚,分别为 PA0、PA1、PA2、PA3……PA15。

5.2 GPIO 内部结构

STM32F103 系列微控制器的 GPIO 的内部结构如图 5-1 所示。

由图 5-1 可以看出,GPIO 的内部主要由输入驱动器、输出驱动器、输入数据寄存器、输出数据寄存器等组成,其中输入驱动器和输出驱动器是每一个 GPIO 内部结构的核心部分。

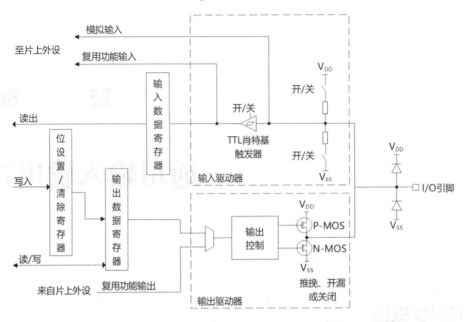

图 5-1　STM32F103 系列微控制器的 GPIO 的内部结构

5.2.1　输入驱动器

　　GPIO 的输入驱动器主要由 TTL 肖特基触发器、带开关的上拉电阻和带开关的下拉电阻组成。根据 TTL 肖特基触发器、上拉电阻和下拉电阻的开关状态，GPIO 的输入方式可以分为以下 4 种。

　　（1）模拟输入：TTL 肖特基触发器关闭，模拟信号被提前送到片上外设，即 AD 转换器。

　　（2）上拉输入：GPIO 内置的上拉电阻开关闭合，下拉电阻开关打开，引脚默认输入为高电平。

　　（3）下拉输入：GPIO 内置的下拉电阻开关闭合，上拉电阻开关打开，引脚默认输入为低电平。

　　（4）浮空输入：GPIO 内部的上拉电阻开关和下拉电阻开关均打开。在该模式下，引脚在默认情况下为高阻态（悬空），其电平状态完全由外部电路决定。

5.2.2　输出驱动器

　　GPIO 输出驱动器主要由多路选择器和输出控制（内含一对互补的 MOS 管）组成。

1．多路选择器

　　多路选择器根据用户设置决定引脚是用于普通输出还是用于复用功能输出。普通输出时，该引脚的输出信号来自 GPIO 中的输出数据寄存器。复用功能输出时，该引脚的输出信号来自片上外设，并且一个 STM32 系列微控制器引脚输出可能来自多个不同的外设，但在同一时刻，一个引脚只能使用这些复用功能中的一个，其他复用功能均处于禁止状态。

2．输出控制

　　输出控制根据用户的设置，控制一对互补的 MOS 管的导通或关闭状态，决定 GPIO 的输出模式。

（1）推挽(Push-Pull，PP)输出：就是一对互补的 MOS 管，N-MOS 管和 P-MOS 管只有一个导通，另一个关闭，推挽输出可以输出高电平或低电平。当内部输出"1"时，P-MOS 管导通，N-MOS 管截止，引脚相当于接 V_{DD}，输出高电平；当内部输出"0"时，N-MOS 管导通，P-MOS 管截止，引脚相当于接 V_{SS}，输出低电平。相比普通输出模式，推挽输出既提高了负载能力，又提高了开关速度，适用于输出 0V 和 V_{DD} 的场合。

（2）开漏(Open-Drain，OD)输出：在开漏输出模式中，与 V_{DD} 相连的 P-MOS 管处于截止状态，对于与 V_{SS} 相连的 N-MOS 管来说，其漏极是开路的。在开漏输出模式下，当内部输出"0"时，N-MOS 管导通，引脚相当于接地，外部输出低电平；当内部输出"1"时，N-MOS 管截止，由于此时 P-MOS 管也截止，外部输出既不是高电平也不是低电平，而是高阻态。如果想要外部输出高电平，必须在 I/O 引脚上外接一个上拉电阻。开漏输出可以匹配电平，一般适用于电平不匹配的场合。开漏输出吸收电流的能力相对较强，适合做电流型的驱动，比如驱动继电器的线圈。

5.3　GPIO 工作模式

STM32 系列微控制器的 I/O 引脚共有 8 种工作模式，包括 4 种输入模式和 4 种输出模式。输入模式如下。

（1）浮空输入(GPIO_Mode_IN_FLOATING)。

（2）上拉输入(GPIO_Mode_IPU)。

（3）下拉输入(GPIO_Mode_IPD)。

（4）模拟输入(GPIO_Mode_IN)。

输出模式如下。

（1）开漏输出(GPIO_Mode_Out_OD)。

（2）开漏复用输出(GPIO_Mode_AF_OD)。

（3）推挽输出(GPIO_Mode_Out_PP)。

（4）推挽复用输出(GPIO_Mode_AF_PP)。

5.3.1　浮空输入

浮空就是逻辑器件与引脚既不接高电平，也不接低电平。相当于此端口在默认情况下什么都不接，呈高阻态，这种设置在数据传输时用得比较多。浮空输入最大的特点就是电压不确定，可能是 0V，也可能是 V_{CC}，还可能介于两者之间。

5.3.2　上拉输入

上拉就是把电位拉高，比如拉到 V_{CC}，从而将不确定的信号通过一个电阻钳位在高电平，电阻同时起到限流的作用。

5.3.3　下拉输入

下拉就是把电位拉低，拉到 GND。其原理与上拉原理相似。

5.3.4 模拟输入

在模拟输入状态时，上拉电阻开关和下拉电阻开关均关闭，并且 TTL 肖特基触发器也关闭，此状态用于将芯片引脚模拟信号输入内部的模数转换器。

5.3.5 开漏输出

开漏输出的输出端相当于三极管的集电极，要得到高电平状态需要上拉电阻才行，适合做电流型的驱动，其吸收电流能力较强（一般 20mA 以内）。

5.3.6 开漏复用输出

开漏复用输出可以理解为 GPIO 口被用作第二功能时的配置情况，端口必须配成复用功能输出模式（推挽或开漏）。

5.3.7 推挽输出

推挽输出可以输出高电平、低电平，连接数字器件；推挽结构一般是指两个 MOS 管分别受到互补信号的控制，总是在一个 MOS 管导通的时候，另一个截止。推挽电路中两个参数相同的三极管或 MOSFET，以推挽方式存在于电路中，分别负责正、负半周的波形。电路工作时，两只对称的功率开关每次只有一个导通，因此导通损耗小、效率高。

5.3.8 推挽复用输出

推挽复用输出可以理解为 GPIO 口被用作第二功能的配置情况。

5.4 GPIO 输出速度

如果 STM32 系列微控制器的 GPIO 引脚工作于某个输出模式下，通常还需要设置其输出速度。这个输出速度指的是 I/O 引脚驱动电路的响应速度，而不是输出信号的速度，输出信号的速度取决于程序。

STM32 系列微控制器的 I/O 引脚内部有多个响应速度不同的驱动电路，用户可以根据自己的需要选择合适的驱动电路。高频驱动电路输出频率高、噪声大、功耗高、电磁干扰强；低频驱动电路输出频率低、噪声小、功耗低、电磁干扰弱。通过选取速度不同的输出驱动模块，可以达到最佳的噪声控制和降低功耗的目的。当不需要高输出频率时，尽量选用低输出频率的驱动电路，这有助于提高系统的电磁干扰性能。当然，如果需要输出较高的频率信号，却选择了低输出频率的驱动电路，很有可能会得到失真的输出信号。因此，GPIO 的引脚速度需要与应用匹配。一般推荐 I/O 引脚的输出速度是其输出信号速度的 5～10 倍。

5.5 复用功能重映射

用户可以根据实际需要把某些外设的复用功能从"默认引脚"转移到"备用引脚"上，这就是外设复用功能的 I/O 引脚重映射。

从片上外设的角度看，如 STM32F103 系列微控制器的片上外设 USART1，它的发送端 TX 默认映射到 PA9，它的接收端 RX 默认映射到 PA10，但是如果此时引脚 PA9 已经被另一复用功能 TIM1 的通道 2 占用，就需要对 USART1 进行重映射，将 TX 和 RX 重新映射到引脚 PB6 和 PB7。

从 I/O 引脚的角度看，如对于 GPIO 引脚 PB1，它的主功能是输入输出口，默认复用功能是 ADC12_IN9、TIM3_CH4、TIM8_CH3N，重定义功能是 TIM1_CH3N。

5.6 GPIO 寄存器

每个 GPIO 端口有 4 个 32 位寄存器，用于配置 GPIO 引脚的工作模式，1 个 32 位输入数据寄存器和 1 个 32 位输出数据寄存器，还有复用功能选择寄存器等。所有未进行任何配置的 GPIO 引脚，在系统复位后均处于浮空输入模式。

本书使用 CubeMX 软件进行 MCU 的图形化配置，可以自动生成 GPIO 初始化程序，而且 HAL 库操作函数无须直接操作寄存器，所以本书不再像一般介绍单片机编程的书籍那样去讲解寄存器及其每一位的定义及意义。我们直接讲 HAL 库操作函数。

需要特别说明的是，了解寄存器的具体定义有助于学习者更加深入地理解 HAL 函数的工作原理。STM32F103 参考手册的每一章都有相应寄存器的详细定义，读者可以自行查阅。

5.7 GPIO 的 HAL 驱动

GPIO 引脚的操作主要包括初始化、读取引脚输入、设置引脚输出，相关的 HAL 驱动程序定义在 stm32f1xx_hal_gpio.h 中，GPIO 操作相关函数如表 5-1 所示，表中函数的参数未列出，只展示函数名（后续章节为着重展示函数名称，也同样省略函数参数）。

表 5-1 GPIO 操作相关函数

函 数 名	功 能 描 述
HAL_GPIO_Init( )	GPIO 引脚初始化
HAL_GPIO_DeInit( )	GPIO 引脚反初始化，恢复为复位后的状态
HAL_GPIO_ReadPin( )	读取引脚的输入电平
HAL_GPIO_WritePin( )	使引脚输出 0 或 1
HAL_GPIO_TogglePin( )	翻转引脚的输出
HAL_GPIO_LockPin( )	锁定引脚配置（不是锁定引脚的输入或输出状态）

使用 CubeMX 软件生成代码时，GPIO 引脚初始化的代码会自动生成，用户常用的 GPIO 操作函数是进行引脚状态读写的函数。

1. 初始化函数 HAL_GPIO_Init( )

初始化函数 HAL_GPIO_Init( )用于对一个端口的一个或多个相同功能的引脚进行初始化配置，包括输入/输出模式，上拉或下拉等。其函数原型为 void HAL_GPIO_Init(GPIO_TypeDef *GPIOx, GPIO_InitTypeDef *GPIO_Init)。

函数中的第一个参数 GPIOx 是 GPIO_TypeDef 类型的结构体指针，它定义了端口的各个寄存器的偏移地址，实际调用函数 HAL_GPIO_Init( )时使用端口的基地址作为参数 GPIOx 的值。在文件 stm32f103xe.h 中定义了各个端口的基地址，如：

```
#define GPIOA                ((GPIO_TypeDef *)GPIOA_BASE)
#define GPIOB                ((GPIO_TypeDef *)GPIOB_BASE)
#define GPIOC                ((GPIO_TypeDef *)GPIOC_BASE)
#define GPIOD                ((GPIO_TypeDef *)GPIOD_BASE)
#define GPIOE                ((GPIO_TypeDef *)GPIOE_BASE)
#define GPIOF                ((GPIO_TypeDef *)GPIOF_BASE)
#define GPIOG                ((GPIO_TypeDef *)GPIOG_BASE)
```

第二个参数 GPIO_Init 是一个 GPIO_InitTypeDef 类型的结构体指针，它定义了 GPIO 引脚的属性，这个结构体的定义如下：

```
typedef struct
{
uint32_t Pin;          //配置的引脚（可以是单个，也可以是多个）
uint32_t Mode;         //引脚功能模式
uint32_t Pull          //上拉或下拉
uint32_t Speed;        //引脚最高输出频率
} GPIO_InitTypeDef;
```

这个结构体的各个成员变量的意义及取值如下：

（1）Pin 是需要配置的 GPIO 引脚，在文件 stm32f1xx_hal_gpio.h 中定义了 16 个引脚的宏。如果需要同时定义多个引脚的功能，就用这些宏的或运算进行组合。

```
#define GPIO_PIN_0           ((uint16_t)0x0001)    /* Pin 0 selected    */
#define GPIO_PIN_1           ((uint16_t)0x0002)    /* Pin 1 selected    */
#define GPIO_PIN_2           ((uint16_t)0x0004)    /* Pin 2 selected    */
#define GPIO_PIN_3           ((uint16_t)0x0008)    /* Pin 3 selected    */
#define GPIO_PIN_4           ((uint16_t)0x0010)    /* Pin 4 selected    */
#define GPIO_PIN_5           ((uint16_t)0x0020)    /* Pin 5 selected    */
#define GPIO_PIN_6           ((uint16_t)0x0040)    /* Pin 6 selected    */
#define GPIO_PIN_7           ((uint16_t)0x0080)    /* Pin 7 selected    */
#define GPIO_PIN_8           ((uint16_t)0x0100)    /* Pin 8 selected    */
#define GPIO_PIN_9           ((uint16_t)0x0200)    /* Pin 9 selected    */
#define GPIO_PIN_10          ((uint16_t)0x0400)    /* Pin 10 selected   */
#define GPIO_PIN_11          ((uint16_t)0x0800)    /* Pin 11 selected   */
#define GPIO_PIN_12          ((uint16_t)0x1000)    /* Pin 12 selected   */
#define GPIO_PIN_13          ((uint16_t)0x2000)    /* Pin 13 selected   */
#define GPIO_PIN_14          ((uint16_t)0x4000)    /* Pin 14 selected   */
#define GPIO_PIN_15          ((uint16_t)0x8000)    /* Pin 15 selected   */
#define GPIO_PIN_All         ((uint16_t)0xFFFF)    /* All pins selected */
```

（2）Mode 是引脚功能模式设置，定义如下：

```
#define  GPIO_MODE_INPUT       0x00000000u             //浮空输入模式
#define  GPIO_MODE_OUTPUT_PP   0x00000001u             //推挽输出模式
#define  GPIO_MODE_OUTPUT_OD   0x00000011u             //开漏输出模式
#define  GPIO_MODE_AF_PP       0x00000002u             //推挽复用输出模式
#define  GPIO_MODE_AF_OD       0x00000012u             //开漏复用输出模式
```

```
#define  GPIO_MODE_IT_RISING          0x10110000u        //外部中断，上升沿触发
#define  GPIO_MODE_IT_FALLING         0x10210000u        //外部中断，下降沿触发
#define  GPIO_MODE_IT_RISING_FALLING  0x10310000u        //外部中断，上升沿、下降沿触发
```

（3）Pull 定义是否使用内部上拉或下拉电阻，定义如下：

```
#define  GPIO_NOPULL     0x00000000u                    //无上拉或下拉
#define  GPIO_PULLUP     0x00000001u                    //上拉
#define  GPIO_PULLDOWN   0x00000002u                    //下拉
```

（4）Speed 定义输出模式引脚的最高输出频率，定义如下：

```
#define  GPIO_SPEED_FREQ_LOW     (GPIO_CRL_MODE0_1)     //最大频率 2MHz
#define  GPIO_SPEED_FREQ_MEDIUM  (GPIO_CRL_MODE0_0)     //最大频率 10MHz
#define  GPIO_SPEED_FREQ_HIGH    (GPIO_CRL_MODE0)       //最大频率 50MHz
```

2. 设置引脚输出函数 HAL_GPIO_WritePin( )

使用引脚输出函数 HAL_GPIO_WritePin( )向一个或多个引脚输出高电平或低电平，其原型定义为：void HAL_GPIO_WritePin(GPIO_TypeDef *GPIOx, uint16_t GPIO_Pin, GPIO_PinState PinState)。

其中参数 GPIOx 是具体的端口基地址，GPIO_Pin 是引脚号，PinState 是引脚的输出电平。数据类型 GPIO_PinState 则在文件 stm32f1xx_hal_gpio.h 中定义。

```
typedef enum
{
  GPIO_PIN_RESET = 0u,
  GPIO_PIN_SET
} GPIO_PinState;
```

枚举常量 GPIO_PIN_SET 表示高电平，GPIO_PIN_RESET 表示低电平。例如，如果使 PE7 和 PE6 输出高电平，可调用该函数进行设置，代码如下：

```
HAL_GPIO_WritePin(GPIOE, GPIO_PIN_7|GPIO_PIN_6, GPIO_PIN_SET);
```

若要输出低电平，代码如下：

```
HAL_GPIO_WritePin(GPIOE, GPIO_PIN_7|GPIO_PIN_6, GPIO_PIN_RESET);
```

3. 读取引脚输入函数 HAL_GPIO_ReadPin( )

使用引脚输入函数 HAL_GPIO_ReadPin( )读取一个引脚的输入状态，其原型定义如下：

```
GPIO_PinState HAL_GPIO_ReadPin(GPIO_TypeDef *GPIOx, uint16_t GPIO_Pin)
```

引脚输入函数的返回值是枚举类型 GPIO_PinState，常量 GPIO_PIN_RESET 表示输入为 0(低电平)，常量 GPIO_PIN_SET 表示输入为 1(高电平)。

4. 翻转引脚输出函数 HAL_GPIO_TogglePin( )

HAL_GPIO_TogglePin( )用于翻转引脚的输出状态。如果引脚当前的输出为低电平，调用此函数后，引脚输出为高电平。反之亦然。其原型定义如下：

```
void HAL_GPIO_TogglePin(GPIO_TypeDef *GPIOx, uint16_t GPIO_Pin)
```

该函数的参数为端口号和引脚号。

5.8 GPIO 实例

5.8.1 LED 流水灯控制

开发板 LED 灯电路原理图如图 5-2 所示，LED 灯电路中的 LED 灯是由外接+3.3V 电源驱动的。当 GPIO 引脚输出为 0 时，LED 灯点亮，输出为 1 时，LED 灯熄灭。因此，与 LED 灯连接的引脚 PE7～PE0 要设置为推挽输出。

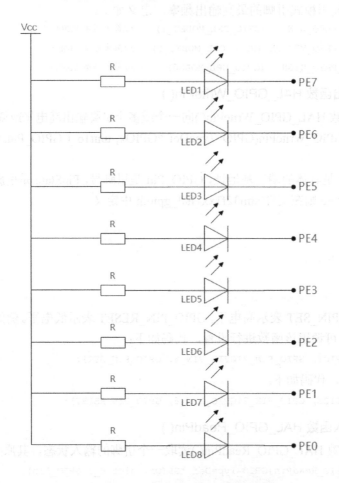

图 5-2 开发板 LED 灯电路原理图

由图 5-2 可知，如需实现 LED 流水灯控制，只需依次点亮 LED1～LED8，即需要依次设置 PE7～PE0 为低电平即可。

根据 LED 灯电路，整理出 MCU 连接的 GPIO 引脚的输出配置，与 LED 灯连接的 MCU 引脚的配置如表 5-2 所示，根据表 5-2 的配置在 CubeMX 软件里进行配置。

表 5-2 与 LED 灯连接的 MCU 引脚的配置

用 户 标 签	引 脚 名 称	引 脚 功 能	GPIO 模式	上拉或下拉
LED1	PE7	GPIO_Output	推挽输出	无
LED2	PE6	GPIO_Output	推挽输出	无

续表

用户标签	引脚名称	引脚功能	GPIO 模式	上拉或下拉
LED3	PE5	GPIO_Output	推挽输出	无
LED4	PE4	GPIO_Output	推挽输出	无
LED5	PE3	GPIO_Output	推挽输出	无
LED6	PE2	GPIO_Output	推挽输出	无
LED7	PE1	GPIO_Output	推挽输出	无
LED8	PE0	GPIO_Output	推挽输出	无

参考第 4 章 4.1 节的内容，在 CubeMX 软件里，选择 STM32F103VE 新建一个项目，初始化配置如下。

（1）在 RCC 组件中，将"High Speed Clock(HSE)"的参数设置为"Crystal/Ceramic Resonator"。

（2）在 Clock Configuration（时钟树）上，设置 HSE 频率为 8MHz，这是开发板上的实际晶振频率。主锁相环选择 HSE 作为时钟源，设置其倍频系数为"×9"，系统时钟源设置为 PLLCLK，即设置 HCLK 频率为 72MHz，将 APB1 总线的分配系数设置为"/2"，其余参数由软件自动配置。

新建一个工程后，均需做以上初始化配置，在后续讲解中，如无特殊说明，默认进行了初始化配置，将不再赘述。

初始化配置完成后，根据表 5-2 对 GPIO 引脚进行设置。在引脚视图上，单击相应的引脚，在弹出的菜单中选择引脚功能，引脚设置如图 5-3 所示。

与 LED 灯连接的引脚是输出引脚，设置引脚功能为 GPIO_Output，在 GPIO 组件的模式和配置界面中，对每个 GPIO 进行更多的设置，按照表 5-2 设置引脚的用户标签，如将 PE7 的用户标签设置为 LED1，各引脚参数配置如图 5-4 所示。

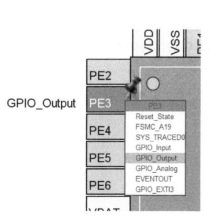

图 5-3 引脚设置　　　　　　　　　　图 5-4 各引脚参数配置

参考第 4 章 4.1 节的内容，在"Project Manager"（工程管理）中，工程名设置为 GPIO_LED，根据实际选择工程存储路径，选择的 IDE 为 MDK-ARM V5，工程管理参数设置如图 5-5 所示。

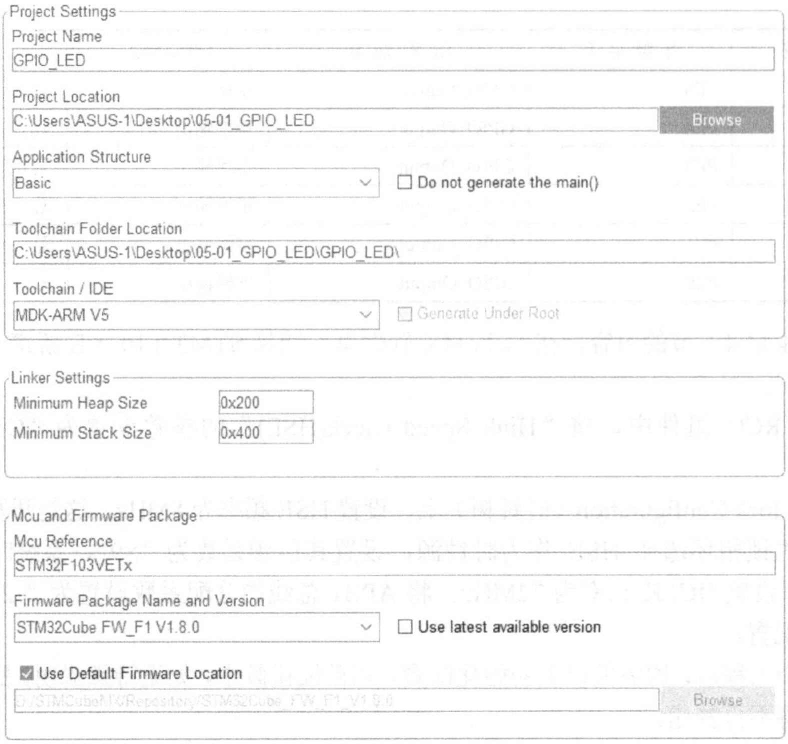

图 5-5 工程管理参数设置

然后单击 CubeMX 软件右上角的 "GENERATE CODE" 按钮，生成代码即可。

工程管理下的设置，如无特殊说明，均需按照上述要求进行设置，今后不再赘述。

5.8.2 LED 流水灯控制项目初始化代码分析

1. 主程序

main.c 文件中定义了系统主函数 main( )。文件 main.C 的代码如下，省略了程序中的一些注释、SystemClock_Config( )和 MX_GPIO_Init( )的定义。

```
#include "main.h"
void SystemClock_Config(void);
static void MX_GPIO_Init(void);

int main(void)
{
  HAL_Init();
  SystemClock_Config();
  MX_GPIO_Init();
  while(1)
  {

  }
}
```

函数 main( )依次调用了如下 3 个函数。

（1）函数 HAL_Init( )。该函数是 HAL 库的初始化函数，用于复位所有外设，初始化 Flash 接口和 Systick 定时器。函数 HAL_Init( )在文件 stm32f1xx_hal.c 中定义，它的代码里调用了 MSP 函数 HAL_MspInit( )，用于对具体的 MCU 进行初始化处理。

（2）函数 SystemClock_Config( )。该函数在文件 main.c 中定义，它是根据 CubeMX 软件里的 RCC 和时钟树的配置自动生成的代码，用于配置各种时钟信号频率。在本书后面的实例中，在展示 main.c 的代码时，一般会省略 SystemClock_Config( )的定义和实现代码，因此在本书中不会对该函数进行赘述。

（3）函数 MX_GPIO_Init( )。该函数是在 main.c 中定义的 GPIO 引脚初始化函数，它是根据 CubeMX 软件中 GPIO 引脚图形化配置的实现代码。

在函数 main( )中，HAL_Init( )和 SystemClock_Config( )是一定会调用的两个函数，然后根据使用者配置的外设情况，调用相应外设的初始化函数，初始化完毕后，程序进入 while 主循环。

在 main.h 文件中，CubeMX 软件自动生成了 8 组 I/O 相关的宏定义，分别是引脚 PE0 至引脚 PE7。

```
#define LED6_Pin GPIO_PIN_2      //LED6 PE2
#define LED6_GPIO_Port GPIOE
#define LED5_Pin GPIO_PIN_3      //LED5 PE3
#define LED5_GPIO_Port GPIOE
#define LED4_Pin GPIO_PIN_4      //LED4 PE4
#define LED4_GPIO_Port GPIOE
#define LED3_Pin GPIO_PIN_5      //LED3 PE5
#define LED3_GPIO_Port GPIOE
#define LED2_Pin GPIO_PIN_6      //LED2 PE6
#define LED2_GPIO_Port GPIOE
#define LED1_Pin GPIO_PIN_7      //LED1 PE7
#define LED1_GPIO_Port GPIOE
#define LED8_Pin GPIO_PIN_0      //LED8 PE0
#define LED8_GPIO_Port GPIOE
#define LED7_Pin GPIO_PIN_1      //LED7 PE1
#define LED7_GPIO_Port GPIOE
```

在 CubeMX 软件中设置一个 GPIO 引脚的用户标签，会在此生成两个宏定义，分别是端口宏定义和引脚号宏定义，如 PE0 设置的用户标签是 LED8，就生成了 LED8_Pin 和 LED8_GPIO_Port 两个宏定义。

2. GPIO 引脚初始化

MX_GPIO_Init( )是在 main.c 中定义的 GPIO 引脚初始化函数，如果在 CubeMX 软件的生成代码设置"Code Generator"中，将界面中生成.c/.h 文件的复选框勾选上，则会生成一个独立的.c 和.h 文件，代码生成参数设置界面如图 5-6 所示。

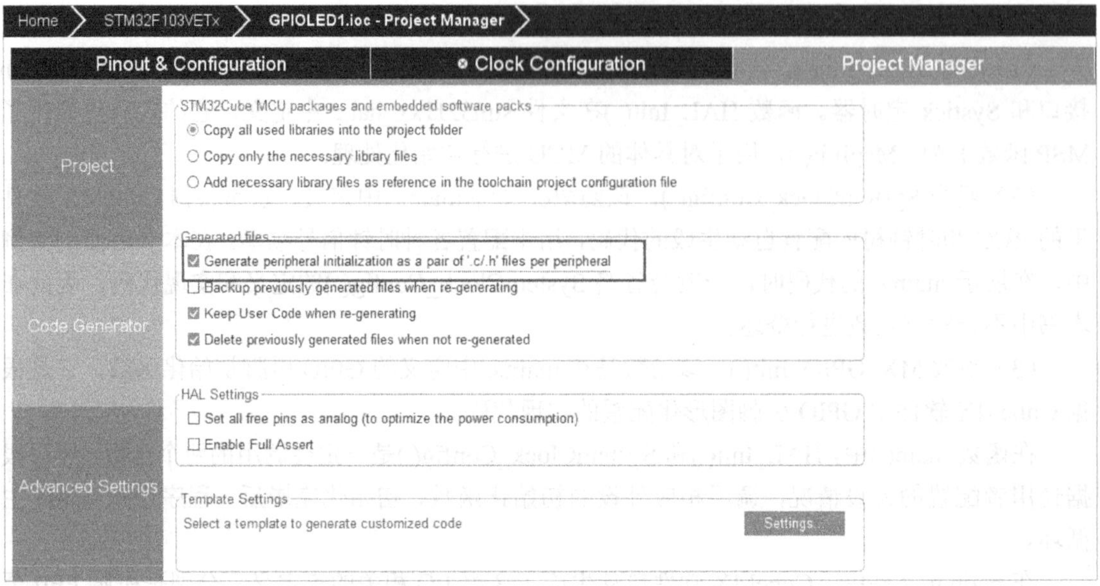

图 5-6　代码生成参数设置界面

GPIO 初始化代码在 gpio.c 文件中生成，即在 gpio.c 文件中实现了 MX_GPIO_Init( )的相关代码，代码中的参数则是根据 CubeMX 软件中的配置进行设置的。

```
void MX_GPIO_Init(void)
{
  GPIO_InitTypeDef GPIO_InitStruct = {0};            //GPIO 初始化类型定义结构体
  __HAL_RCC_GPIOE_CLK_ENABLE();                      //端口时钟使能

/* 配置 GPIO 引脚输出电平 */
  HAL_GPIO_WritePin(GPIOE, LED6_Pin|LED5_Pin|LED4_Pin|LED3_Pin
                    |LED2_Pin|LED1_Pin|LED8_Pin|LED7_Pin, GPIO_PIN_RESET);

  /* 配置 GPIO 引脚 */
  GPIO_InitStruct.Pin = LED6_Pin|LED5_Pin|LED4_Pin|LED3_Pin
                    |LED2_Pin|LED1_Pin|LED8_Pin|LED7_Pin;   //8 个同类型引脚
  GPIO_InitStruct.Mode = GPIO_MODE_OUTPUT_PP;        //推挽输出模式
  GPIO_InitStruct.Pull = GPIO_NOPULL;                //无上拉或下拉
  GPIO_InitStruct.Speed = GPIO_SPEED_FREQ_LOW;       //输出速度
  HAL_GPIO_Init(GPIOE, &GPIO_InitStruct);
}
```

　　GPIO 引脚初始化需要开启引脚所在端口的时钟，然后使用一个 GPIO_InitTypeDef 结构体变量设置引脚的各种 GPIO 参数，再调用函数 HAL_GPIO_Init( )进行 GPIO 引脚初始化配置。使用函数 HAL_GPIO_Init( )可以对一个端口的多个相同配置的引脚进行初始化，而不同端口或不同功能的引脚需要分别调用 HAL_GPIO_Init( )进行初始化。

　　在函数 MX_GPIO_Init( )中使用了 main.h 文件里为各个 GPIO 引脚定义的宏。这样编写代码的好处是可以很方便地移植程序到其他开发板上。如果读者使用的开发板与本书不同，只需在 CubeMX 软件中按照开发板的实际电路配置 GPIO 引脚，然后将 GPIO 引脚的用户标签设置为与本书相同即可，程序部分基本不必手动更改了。

3. 编写 LED 灯的驱动程序

要在 CubeMX 软件导出代码生成的文件里添加自己编写的代码，就必须把这些代码写在规定的范围内。在 main.c 文件中，有许多的注释对，举例如下：

```
/* USER CODE BEGIN Includes */
...
/* USER CODE END Includes */
```

上面有两行注释语句，即 "/* USER CODE BEGIN Includes */" 和 "/* USER CODE END Includes */"，这表示用户使用#include 包含头文件的语句时，必须写在这两行注释之间的位置。这样定义的代码书写范围称为沙箱（Sand Box）。

在整个 main.c 文件中，有很多这样的沙箱供用户添加各种代码段。在使用 CubeMX 软件再次生成代码时，在沙箱内编写的用户代码不会被覆盖，而如果写在其他地方，代码会丢失。

函数 main( ) 中添加的用户代码比较简单，就是在 while( ) 循环里，执行 LED1～LED8 的逐次状态翻转（由亮到灭或相反），这里需要注意的是，每改变一个 LED 灯的状态，延时 500ms，用到的延时函数是 HAL_Delay(500)，这是 HAL 库已经初始化好的一个延时函数，括号内参数的单位是毫秒(ms)。

添加的代码如下：

```
  /* USER CODE BEGIN WHILE */
while (1)
{
      HAL_GPIO_TogglePin(GPIOE,GPIO_PIN_7);
      HAL_Delay(500);
      HAL_GPIO_TogglePin(GPIOE,GPIO_PIN_6);
      HAL_Delay(500);
      HAL_GPIO_TogglePin(GPIOE,GPIO_PIN_5);
      HAL_Delay(500);
      HAL_GPIO_TogglePin(GPIOE,GPIO_PIN_4);
      HAL_Delay(500);
      HAL_GPIO_TogglePin(GPIOE,GPIO_PIN_3);
      HAL_Delay(500);
      HAL_GPIO_TogglePin(GPIOE,GPIO_PIN_2);
      HAL_Delay(500);
      HAL_GPIO_TogglePin(GPIOE,GPIO_PIN_1);
      HAL_Delay(500);
      HAL_GPIO_TogglePin(GPIOE,GPIO_PIN_0);
      HAL_Delay(500);
  /* USER CODE END WHILE */
```

在 main.h 文件中有 8 组为各个 GPIO 引脚设置的用户标签的宏定义。

所以，上面的代码也可以写为：

```
/* USER CODE BEGIN WHILE */
while (1)
{
```

```
HAL_GPIO_TogglePin(LED1_GPIO_Port,LED1_Pin);
HAL_Delay(500);
HAL_GPIO_TogglePin(LED2_GPIO_Port,LED2_Pin);
HAL_Delay(500);
HAL_GPIO_TogglePin(LED3_GPIO_Port,LED3_Pin);
HAL_Delay(500);
HAL_GPIO_TogglePin(LED4_GPIO_Port,LED4_Pin);
HAL_Delay(500);
HAL_GPIO_TogglePin(LED5_GPIO_Port,LED5_Pin);
HAL_Delay(500);
HAL_GPIO_TogglePin(LED6_GPIO_Port,LED6_Pin);
HAL_Delay(500);
HAL_GPIO_TogglePin(LED7_GPIO_Port,LED7_Pin);
HAL_Delay(500);
HAL_GPIO_TogglePin(LED8_GPIO_Port,LED8_Pin);
HAL_Delay(500);
/* USER CODE END WHILE */
```

添加完代码后，按照第 3 章 3.6 节及 3.7 节所讲的内容，将其下载到开发板中并测试。可以看到 LED1、LED2……LED8 逐次点亮，逐次熄灭，此现象循环出现。

至此，通过添加各 LED 灯翻转状态及延时函数，我们构建了一个流水灯项目并实现。

5.8.3 按键输入检测及代码分析

开发板上按键 KEY1 和按键 KEY2 的电路原理图如图 5-7 所示。

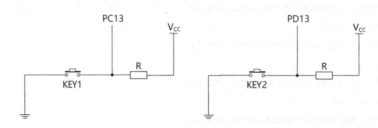

图 5-7 开发板上按键 KEY1 和按键 KEY2 的电路原理图

由图 5-7 可知，两个按键的电路是一样的，区别在于按键 KEY1 连接的引脚是 PC13，按键 KEY2 连接的引脚是 PD13。因此，用户只要掌握了其中一个，另一个也就掌握了。这里我们以按键 KEY1 举例说明。从电路图上可以看出，当按键 KEY1 未按下时，PC13 引脚通过电阻连接到的是 Vcc（+3.3V）。在按键按下时，输入 PC13 引脚的是低电平，所以 PC13 引脚设置为输入上拉。

如需判断按键 KEY1 是否被按下，只需读取 PC13 引脚的电平状态即可，当按键被按下时，PC13 引脚输入的是低电平。按键未按下时，PC13 引脚输入的是高电平。

本例要求，通过按键 KEY1 控制 LED1（PE7）的状态，每次按下按键 KEY1，LED1 的状态就发生一次改变；通过按键 KEY2 控制 LED5（PE3）的状态，每次按下按键 KEY2，LED5 的状态就发生一次改变。

　　根据按键的电路，整理出 MCU 连接的 GPIO 引脚的输入配置，与 LED 灯连接的 MCU 引脚的配置如表 5-3 所示，根据表 5-3 的配置在 CubeMX 软件里进行配置。

表 5-3　与 LED 灯连接的 MCU 引脚的配置

用 户 标 签	引 脚 名 称	引 脚 功 能	GPIO 模式	上拉或下拉
KEY1	PC13	GPIO_Input	输入	上拉
KEY2	PD13	GPIO_Input	输入	上拉

　　在前面的 LED 流水灯控制实例中，生成的代码均在文件夹 "05-01_GPIO_LED" 中，找到该文件夹，复制出副本并重命名为 "05-02_KEY"，打开文件夹，进入 "GPIO_LED" 文件夹中，找到 "GPIO_LED.ioc"，双击打开。

　　打开后便是 LED 流水灯的配置工程，芯片选型、时钟配置、LED 灯的 GPIO 配置均为之前的配置选型，现在我们只需添加按键的 GPIO 配置即可，根据表 5-3，将 PC13 配置为上拉输入模式，并自定义标签 "KEY1"，将 PD13 配置为上拉输入模式，并自定义标签 "KEY2"。

　　按键 KEY1 的配置界面如图 5-8 所示，为了直观显示按键控制 LED 灯的效果，在默认状态下，LED 灯全部关闭，因此需要将 LED 灯对应的 GPIO 引脚的 "GPIO Output Level" 更改为 "High"，即高电平。

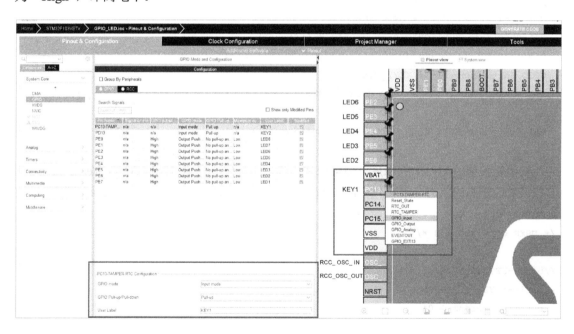

图 5-8　按键 KEY1 的配置界面

　　之后单击 CubeMX 软件右上角的 "GENERATE CODE" 按钮，生成代码即可。

　　在 gpio.c 的 MX_GPIO_Init( )函数中，增加了对按键 KEY1(PC13)、KEY2(PD13)的初始化配置。

　　MX_GPIO_Init( )函数定义如下：

```
void MX_GPIO_Init(void)
{
  GPIO_InitTypeDef GPIO_InitStruct = {0};
```

```
/* GPIO Ports Clock Enable */
__HAL_RCC_GPIOE_CLK_ENABLE();
__HAL_RCC_GPIOC_CLK_ENABLE();
__HAL_RCC_GPIOD_CLK_ENABLE();

HAL_GPIO_WritePin(GPIOE, LED6_Pin|LED5_Pin|LED4_Pin|LED3_Pin
                  |LED2_Pin|LED1_Pin|LED8_Pin|LED7_Pin, GPIO_PIN_SET);

GPIO_InitStruct.Pin = LED6_Pin|LED5_Pin|LED4_Pin|LED3_Pin
                  |LED2_Pin|LED1_Pin|LED8_Pin|LED7_Pin;
GPIO_InitStruct.Mode = GPIO_MODE_OUTPUT_PP;
GPIO_InitStruct.Pull = GPIO_NOPULL;
GPIO_InitStruct.Speed = GPIO_SPEED_FREQ_LOW;
HAL_GPIO_Init(GPIOE, &GPIO_InitStruct);

GPIO_InitStruct.Pin = KEY1_Pin;
GPIO_InitStruct.Mode = GPIO_MODE_INPUT;
GPIO_InitStruct.Pull = GPIO_PULLUP;
HAL_GPIO_Init(KEY1_GPIO_Port, &GPIO_InitStruct);

GPIO_InitStruct.Pin = KEY2_Pin;
GPIO_InitStruct.Mode = GPIO_MODE_INPUT;
GPIO_InitStruct.Pull = GPIO_PULLUP;
HAL_GPIO_Init(KEY2_GPIO_Port, &GPIO_InitStruct);
}
```

初始化按键的 GPIO 引脚后，便可以使用读取引脚输入函数 HAL_GPIO_ReadPin( )来读取按键对应引脚的状态，定义一个函数 ScanKEY( )来判断哪个按键被按下。ScanKEY( )函数定义代码如下：

```
/* USER CODE BEGIN 0 */

//bit0--KEY1(1:PRESS,0:NO)
//bit1--KEY2(1:PRESS,0:NO)
uint8_t KEY_Press = 0;

void ScanKEY(void)
{
    if(0==HAL_GPIO_ReadPin(GPIOC,GPIO_PIN_13))
    {
        KEY_Press |= 0X01;
    }
    if(0==HAL_GPIO_ReadPin(GPIOD,GPIO_PIN_13))
    {
        KEY_Press |= 0X02;
```

```
        }
    }
```

```
/* USER CODE END 0 */
```

在上面的代码中定义了一个 8 位无符号变量 KEY_Press，该变量的最低位（bit0）表示按键 KEY1 是否被按下，如果该位为 1，说明按键 KEY1 被按下；如果该位为 0，说明按键 KEY1 未被按下。该变量的 bit1 位表示按键 KEY2 是否被按下，原理同按键 KEY1。

在函数 main( ) 主循环中，更改代码如下：

```
/* USER CODE BEGIN WHILE */
while (1)
{
    ScanKEY();
    if(KEY_Press&0x01)
    {
        KEY_Press &= ~0x01;
        HAL_GPIO_TogglePin(GPIOE,GPIO_PIN_7);//LED1
    }
    if(KEY_Press&0x02)
    {
        KEY_Press &= ~0x02;
        HAL_GPIO_TogglePin(GPIOE,GPIO_PIN_3);//LED5
    }
/* USER CODE END WHILE */
```

在主循环中，调用函数 ScanKEY( ) 来实时查询判断哪个按键被按下，然后根据 KEY_Press 的 bit0 位、bit1 位来控制 LED1 与 LED5 的状态变化。

使用轮询方式检测按键输入时，要考虑按键抖动问题。按键抖动是指机械按键在按下和弹起时由于机械接触会产生很多毛刺信号。由于 MCU 处理速度很快，任务处理也可能很快完成，再次读取按键时，按键可能还处于抖动阶段，若再检测按键输入，就会又检测到按键事件。一般情况下，按下一次按键只当作一次有效事件，因此用轮询方式检测按键输入时，应该在首次检测到有效输入后延时一段时间（如 20ms），跳过前抖动阶段，再对按键采样，若还是有效输入，就认为是稳定期的有效输入，当作一次有效按键事件，执行相应的处理程序。处理程序如果很快结束，并且需要再次检测按键输入，应该再延时一段时间（如 300ms），跳过后抖动阶段之后，再检测下次有效按键事件。

函数 ScanKEY( ) 用轮询方式检测按键输入，处理了前抖动问题。按键后抖动阶段的处理应由调用函数 ScanKEY( ) 的程序去处理。

添加抖动处理后的函数 ScanKEY( ) 代码如下：

```
/* USER CODE BEGIN 0 */

//bit0--KEY1(1:PRESS,0:NO)
//bit1--KEY2(1:PRESS,0:NO)
uint8_t KEY_Press = 0;
```

```
void ScanKEY(void)
{
    if(0==HAL_GPIO_ReadPin(GPIOC,GPIO_PIN_13))
    {
        HAL_Delay(20);
        if(0==HAL_GPIO_ReadPin(GPIOC,GPIO_PIN_13))
        {
            KEY_Press |= 0X01;
        }
    }
    if(0==HAL_GPIO_ReadPin(GPIOD,GPIO_PIN_13))
    {
        HAL_Delay(20);
        if(0==HAL_GPIO_ReadPin(GPIOD,GPIO_PIN_13))
        {
            KEY_Press |= 0X02;
        }
    }
}

/* USER CODE END 0 */
```

主循环中的代码更改如下：

```
/* USER CODE BEGIN WHILE */
 while (1)
 {
        ScanKEY();
        if(KEY_Press&0x01)
        {
            KEY_Press &= ~0x01;
            HAL_GPIO_TogglePin(GPIOE,GPIO_PIN_7);//LED1
        }
        if(KEY_Press&0x02)
        {
            KEY_Press &= ~0x02         ;
            HAL_GPIO_TogglePin(GPIOE,GPIO_PIN_3);//LED5
        }
        HAL_Delay(300);
/* USER CODE END WHILE */
```

至此，通过检测按键来控制相应 LED 灯的项目构建完毕。将程序下载到开发板中后，按下按键 KEY1，LED1 的状态发生改变；按下按键 KEY2，LED5 的状态发生改变。

这样我们成功地检测到了按键输入，并利用按键输入作为控制信号，控制相应的 LED 灯的状态。

5.8.4 本例代码

（1）LED 灯控制代码。

main.c 代码如下：

```
#include "main.h"
#include "gpio.h"
void SystemClock_Config(void);
int main(void)
{
  HAL_Init();
  SystemClock_Config();
  MX_GPIO_Init();
  /* USER CODE BEGIN WHILE */
  while (1)
  {
        HAL_GPIO_TogglePin(GPIOE,GPIO_PIN_7);
        HAL_Delay(500);
        HAL_GPIO_TogglePin(GPIOE,GPIO_PIN_6);
        HAL_Delay(500);
        HAL_GPIO_TogglePin(GPIOE,GPIO_PIN_5);
        HAL_Delay(500);
        HAL_GPIO_TogglePin(GPIOE,GPIO_PIN_4);
        HAL_Delay(500);
        HAL_GPIO_TogglePin(GPIOE,GPIO_PIN_3);
        HAL_Delay(500);
        HAL_GPIO_TogglePin(GPIOE,GPIO_PIN_2);
        HAL_Delay(500);
        HAL_GPIO_TogglePin(GPIOE,GPIO_PIN_1);
        HAL_Delay(500);
        HAL_GPIO_TogglePin(GPIOE,GPIO_PIN_0);
        HAL_Delay(500);
    /* USER CODE END WHILE */
  }
}


void SystemClock_Config(void)
{
    ...//省略
}


void Error_Handler(void)
{

}
```

（2）按键检测代码。

main.c 代码如下：

```
#include "main.h"
#include "gpio.h"
void SystemClock_Config(void);

/* USER CODE BEGIN 0 */
//bit0--KEY1(1:PRESS,0:NO)
//bit1--KEY2(1:PRESS,0:NO)
uint8_t KEY_Press = 0;

void ScanKEY(void)
{
    if(0==HAL_GPIO_ReadPin(GPIOC,GPIO_PIN_13))
    {
        HAL_Delay(20);
        if(0==HAL_GPIO_ReadPin(GPIOC,GPIO_PIN_13))
        {
            KEY_Press |= 0X01;
        }
    }
    if(0==HAL_GPIO_ReadPin(GPIOD,GPIO_PIN_13))
    {
        HAL_Delay(20);
        if(0==HAL_GPIO_ReadPin(GPIOD,GPIO_PIN_13))
        {
            KEY_Press |= 0X02;
        }
    }
}
/* USER CODE END 0 */

int main(void)
{
  HAL_Init();
  SystemClock_Config();
  MX_GPIO_Init();
  /* USER CODE BEGIN WHILE */
  while (1)
  {
        ScanKEY();
        if(KEY_Press&0x01)
        {
            KEY_Press &= ~0x01;
```

```
            HAL_GPIO_TogglePin(GPIOE,GPIO_PIN_7);//LED1
        }
        if(KEY_Press&0x02)
        {
            KEY_Press &= ~0x02;
            HAL_GPIO_TogglePin(GPIOE,GPIO_PIN_3);//LED5
        }
        HAL_Delay(300);
    /* USER CODE END WHILE */
  }
}
void SystemClock_Config(void)
{
    ...//省略
}

void Error_Handler(void)
{


}
```

📖 本章小结

　　本章针对 GPIO，分别介绍了 GPIO 的内部结构、工作模式、寄存器及相关的 HAL 驱动。之后分别以流水灯和按键为例，讲解了如何设置 CubeMX 软件中的相关参数，并分析了相关代码。

📝 思考与练习

　　1．简述 GPIO 的几种工作模式。

　　2．请查阅资料，说明 HAL_GPIO_TogglePin( )函数的具体参数及该函数的作用。

　　3．请编写代码实现如下功能。

　　最开始所有 LED 灯灭，通过按下按键 KEY1 按顺序点亮 LED1 至 LED8，每按一次，LED 灯就按顺序点亮。LED 灯全部点亮的情况下按下按键 KEY1 无动作。通过按下按键 KEY2，已点亮的 LED 灯按相反的顺序熄灭，如现在已经点亮了 LED1 至 LED8，则每按一次按键 KEY2，已经点亮的 LED 灯按 LED8 至 LED1 的顺序熄灭。在 LED 灯全部熄灭的情况下按下按键 KEY2 无动作。

第 **6** 章

中断系统

6.1 中断概述

6.1.1 中断的定义

为了形象地描述中断，我们用日常中的例子来做比喻。假设读者接到快递员的电话，被告知 2 小时内会上门派送快递。因为这 2 小时的具体时间点未定，读者边读书边等快递员上门派送。当读到书本第 79 页时，家中门铃响起，读者记下图书页码，然后去开门接收快递。拆完快递包裹并处理完毕后，读者接着从刚才记下的页码（79 页）继续阅读。这个例子就很好地表现了日常生活中的中断及其处理过程：门铃声让你暂时中止当前的工作（读书），而去处理更为紧急的事情（开门），把急需处理的事情（接收快递并处理）做完后，再继续做原来的事情（读书）。

与此类似，在计算机执行程序的过程中，CPU 暂时中止正在执行的程序，转去执行请求中断的那个外设或事件的服务程序，等处理完毕后再返回执行原来中止的程序，这一过程叫作中断。

6.1.2 中断的应用

1. 提高 CPU 工作效率

在早期的计算机系统中，CPU 工作速度快，外设工作速度慢，造成 CPU 等待，效率降低。设置中断后，CPU 不必花费大量的时间等待和查询外设工作，如计算机和打印机连接，计算机可以快速地传送一行字符给打印机，打印机开始打印字符，CPU 可以不理会打印机，处理自己的工作，待打印机打印完该行字符后，发给 CPU 一个信号，CPU 产生中断，中断正在处理的工作，转而再传送一行字符给打印机，这样在打印机打印字符期间（外设工作较慢），CPU 可以不必等待或查询，而是处理其他的工作，这就大大提高了 CPU 的工作效率。

2. 具有实时处理功能

实时处理是微型计算机系统特别是单片机系统应用领域的一个重要任务。在实时处理管理系统中，现场各种参数和状态的变化是随机发生的，这要求 CPU 能做出快速响应、及时处理。有了中断系统，这些参数和状态的变化可以作为中断信号，使 CPU 中断，以在相应的中断服务程序中及时处理这些参数和状态的变化。

3．具有故障处理功能

单片机应用系统在实际运行中常会出现一些故障。例如，电源突然掉电、运算溢出等。利用中断就可以执行处理故障的中断服务程序。例如，电源突然掉电，由于稳压电源输出端接有大电容，从电源掉电至电容的电压下降到正常工作电压之下的过程一般有几毫秒至几百毫秒的时间，这段时间若使 CPU 产生中断，在处理掉电的中断服务程序过程中将需要保存的数据和信息及时转移到具有备用电源的存储器中，待电源恢复正常时再将这些数据和信息送回原存储单元中，返回中断点继续执行原程序。

4．实现分时操作

单片机应用系统通常需要控制多个外部设备（简称外设）同时工作。例如，键盘、打印机、显示器等。这些设备的工作有些是随机的，有些是定时的，对于一些定时工作的外设，可以利用定时器，到一定时间产生中断，在中断服务程序中控制这些外设工作。

6.1.3　中断源与中断屏蔽

1．中断源

中断源是指能引发中断的事件。通常，中断源与外设有关。在本章开头的例子中，门铃的铃声是一个中断源，它由门铃这个外设发出，告诉主人（CPU）有人（事件）来，并等待主人（CPU）响应和处理（开门接收并处理快递）。在计算机系统中，常见的中断源有按键、定时器溢出、串口收到数据等，与此相关的外设有键盘、定时器、串口等。

每个中断源都有它对应的中断标志位，一旦该中断发生，它的中断标志位就会被置位。如果中断标志位被清除，那么它所对应的中断便不会再被响应。因此，一般在中断服务程序中要将对应的中断标志位清零，否则 CPU 将始终响应该中断，不断执行该中断服务程序。

2．中断屏蔽

我们再回想一下 6.1.1 节中的例子，如果在看书过程中门铃响起，你也可以选择不理会门铃声，继续看书，这就是中断屏蔽。

中断屏蔽是中断系统一个十分重要的功能。在计算机系统中，程序设计人员可以通过设置相应的中断屏蔽位，禁止 CPU 响应某个中断，从而实现中断屏蔽。在微控制器的中断控制系统中，对一个中断源是否响应，一般由"中断允许总控制位"和该位自身的"中断允许控制位"共同决定。这两个中断控制位中的任何一个被关闭，该中断就无法被响应。

中断屏蔽的目的是保证在执行一些关键程序时不响应中断，以免造成延迟而引起错误。例如，在系统启动执行初始化程序时屏蔽按键中断，能够使初始化程序顺利进行，此时按任何按键系统都不会响应。当然，一些重要的中断请求是不能屏蔽的，如系统重启、电源故障、内存出错等影响整个系统工作的中断请求。因此，按中断是否可以被屏蔽划分，中断分为可屏蔽中断和不可屏蔽中断两类。

需要说明的是，尽管某个中断源可以被屏蔽，但一旦该中断发生，不管该中断是否被屏蔽，它的中断标志位都会被置位，而且只要该中断标志位不被软件清除，它就一直有效。等到该中断重新被使用时，它即允许被 CPU 响应。

6.1.4　中断处理过程

在中断系统中，通常将 CPU 处在正常情况下运行的程序称为主程序，把产生申请中断信号的事件称为中断源，由中断源向 CPU 所发出的申请中断信号称为中断请求信号，CPU 接收中断请求信号之后停止现行程序的运行而转向为中断服务的程序称为中断响应，为中断服务的程序称为中断服务程序或中断处理程序。现行程序被打断的地方称为断点，执行完中断服务程序后返回断点处继续执行主程序称为中断返回。CPU 从运行主程序，到响应中断请求并执行中断服务程序，最终从中断返回主程序的过程称为中断处理过程，其大致可以分为 4 步：中断请求、中断响应、中断服务和中断返回。

在整个中断处理过程中，由于 CPU 执行完中断处理程序之后仍然要返回主程序，因此在执行中断处理程序之前，要将主程序中断处的地址，即断点处保存起来，称为保护断点。

又由于 CPU 在执行中断处理程序时，可能会使用和改变主程序使用过的寄存器、标志位甚至内存单元，因此在执行中断服务程序前，还要把有关的数据保护起来，称为现场保护。在 CPU 执行完中断处理程序后，则要恢复原来的数据，并返回主程序的断点处继续执行，称为恢复现场和恢复断点。

在单片机中，断点的保护和恢复操作，是在系统响应中断和执行中断返回指令时由单片机内部硬件自动实现的。简单地说，就是在响应中断时，微控制器的硬件系统会自动将断点地址压进系统的堆栈保存；而当执行中断返回指令时，硬件系统又会自动将压入堆栈的断点弹出到 CPU 的执行指针寄存器中。在新型微控制器的中断处理过程中，保护和恢复现场的工作也是由硬件自动完成的，无须用户操心，用户只需集中精力编写中断服务程序即可。

6.1.5　中断优先级与中断嵌套

1．中断优先级

计算机系统中的中断往往不止一个，那么对于多个同时发生的中断或嵌套发生的中断，CPU 又该如何处理呢？应该先响应哪一个中断？为什么会如此响应？想要搞清楚这些问题，就需要学习中断优先级。

为了更形象地说明中断优先级的概念，还是从生活中的实例开始讲起。生活中的突发事件很多，为了便于快速处理，人们通常把这些事件按重要性或紧急程度从高到低依次排列。这种分级就称为优先级。如果多个事件同时发生，则根据它们的优先级从高到低依次响应。

例如，在前面讲述的快递员来访的例子中，如果门铃响的同时，电话铃也响了，那么你将在这两个中断请求中选择先响应哪一个请求。这里就有一个优先的问题。如果开门比接电话更重要（门铃的优先级比电话的优先级高），那么就应该先开门（处理门铃中断），然后再接电话（处理电话中断），接完电话后再回来继续看书（回到原程序）。

与此类似，计算机系统中的中断源众多，它们也有轻重缓急之分，这种分级就被称为中断优先级。一般来说，各个中断源的优先级都有事先规定。通常，中断的优先级是根据中断的实时性、重要性和软件处理的方便性预先设定的。当同时有多个中断请求产生时，CPU 会先响应优先级较高的中断请求。由此可见，优先级是中断响应的重要标准，也是区分中断的重要标志。

2. 中断嵌套

中断优先级除了用于并发中断中，还用于嵌套中断中。

还是回到前面讲述的快递员来访的例子，在你看书的时候电话铃响了，你去接电话，在通话的过程中门铃又响了。这时，门铃中断和电话中断就形成了嵌套。由于门铃的优先级比电话的优先级高，你只能让电话里的对方稍等，放下电话去开门。开门之后再回头继续接电话，通话完毕再回去继续看书。当然，如果门铃的优先级比电话的优先级低，那么在通话的过程中门铃响了也可以不予理睬，而是继续接听电话（处理电话中断），通话结束后再去开门迎客（处理门铃中断）。

与此类似，在计算机系统中，中断嵌套是指当系统正在执行一个中断服务时又有新的中断事件发生而产生了新的中断请求。此时，CPU 如何处理就取决于新旧两个中断的优先级。当新发生的中断的优先级高于正在处理的中断时，CPU 将终止执行优先级较低的当前中断处理程序，转去处理新发生的、优先级较高的中断，处理完毕才返回原来的中断处理程序继续执行。

通俗地说，中断嵌套其实就是更高一级的中断"加塞"，当 CPU 正在处理中断时，又接收了更紧急的另一件"急件"，转而处理更高一级的中断行为。

6.2 STM32F103 系列微控制器的中断系统

下面从中断控制器、中断优先级、中断向量表和中断服务程序 4 个方面来分析STM32F103 系列微控制器的中断系统，最后介绍设置和使用 STM32F103 中断系统的全过程。

1. 嵌套向量中断控制器

嵌套向量中断控制器，简称 NVIC，是 Cortex-M3 不可分离的一部分，它与 Cortex-M3 内核的逻辑紧密耦合，相辅相成，共同完成对中断的响应。

Coetex-M3 内核共支持 256 个中断（其中 16 个内部中断，240 个外部中断）和可编程的256 级中断优先级的设置。STM32 目前支持的中断共 84 个（16 个内部中断，68 个外部中断），还有 16 级可编程的中断优先级。

STM32F103 系列微控制器可支持 68 个中断通道，已经固定分配给相应的外部设备，每个中断通道都具备自己的中断优先级控制字节（8 位，但是 STM32 中只使用 4 位，高 4 位有效），每 4 个通道的 8 位中断优先级控制字构成一个 32 位的优先级寄存器。68 个通道的优先级控制字至少构成 17 个 32 位的优先级寄存器。

2. STM32F103 系列微控制器的中断优先级

中断优先级决定了一个中断是否能被屏蔽，以及在未屏蔽的情况下何时可以响应。优先级的数值越小，则优先级越高。

STM32 系列微控制器中有两个优先级的概念，即抢占优先级和响应优先级，一般把响应优先级称作"亚优先级"或"副优先级"，每个中断源都需要被指定这两种优先级。

什么是抢占优先级（Preemption Priority）？高抢占优先级的中断事件会打断当前的主程序/中断程序运行，俗称中断嵌套。

什么是响应优先级（Subpriority）？在抢占优先级相同的情况下，高响应优先级的中断优先被响应。

在抢占优先级相同的情况下，如果有低响应优先级中断正在执行，高响应优先级的中断要等待已被响应的低响应优先级中断执行结束后才能得到响应（不能嵌套）。

那么，什么是判断中断是否会被响应的依据呢？

首先是抢占优先级；其次是响应优先级，抢占优先级决定是否会有中断嵌套；我们看一下优先级冲突的处理，具有高抢占优先级的中断可以在具有低抢占优先级的中断处理过程中被响应，即中断嵌套，或者说高抢占优先级的中断可以嵌套低抢占优先级的中断。

当两个中断源的抢占优先级相同时，这两个中断将没有嵌套关系，当一个中断到来后，如果另一个中断正在处理，这个后到来的中断就要等到前一个中断处理完之后才能被处理。如果这两个中断同时到达，则中断控制器根据它们的响应优先级高低来决定先处理哪一个；如果它们的抢占优先级和响应优先级都相同，则根据它们在中断表中的排位顺序决定先处理哪一个。

STM32 系列微控制器中指定中断优先级的寄存器位有 4 位，这 4 位寄存器位的分组方式如下。

第 0 组：所有 4 位用于指定响应优先级。

第 1 组：最高 1 位用于指定抢占优先级，最低 3 位用于指定响应优先级。

第 2 组：最高 2 位用于指定抢占优先级，最低 2 位用于指定响应优先级。

第 3 组：最高 3 位用于指定抢占优先级，最低 1 位用于指定响应优先级。

第 4 组：所有 4 位用于指定抢占优先级。

STM32F103 系列微控制器优先级位数和级数分配表如表 6-1 所示。

表 6-1　STM32F103 系列微控制器优先级位数和级数分配表

优先级组别	抢占优先级		响应优先级	
	位　数	级　数	位　数	级　数
0 组	0	0	4	16
1 组	1	2	3	8
2 组	2	4	2	4
3 组	3	8	1	2
4 组	4	16	0	0

3. STM32F103 系列微控制器中断向量表

中断向量表是中断系统中非常重要的概念。它是一块存储区域，通常位于存储器的零地址处，在这块区域上按中断号从小到大依次存放着所有中断处理程序的入口地址。当某个中断产生且经判断其未被屏蔽时，CPU 会根据识别到的中断号到中断向量表中找到该中断号的所在表项，取出该中断对应的中断服务程序的入口地址，然后跳转到该地址执行。

如果要对某个中断进行响应和处理，就需要编写一个中断服务例程（Interrupt Service Routine，ISR）。HAL 库定义了各个中断的 ISR，在 MCU 的启动文件中有这些 ISR 的定义。某些系统中断的优先级是固定的，如 Reset 中断，部分系统中断的优先级是可以设置的，如 SysTick 中断。中断响应程序的头文件 stm32f1xx_it.h 中定义了这些 ISR，但它们在文件 stm32f1xx_it.c 中的函数实现代码要么为空，要么就是 while 死循环。如果用户需要对某个系统中断进行处理，就需要在其 ISR 内编写功能实现代码。

SysTick 是个有用的中断，它是嘀嗒定时器的定时中断，默认定时周期是 1ms，产生周期为 1ms 的系统嘀嗒信号。HAL 库中的延时函数 HAL_Delay( )就是使用 SysTick 中断实现毫秒级精确延时的。

STM32F103 系列微控制器的中断向量表如表 6-2 所示。

表 6-2　STM32F103 系列微控制器的中断向量表

位置	优先级	优先级类型	名　　称	说　　明	地　　址
—	—	—	—	保留	0x0000_0000
—	−3	固定	Reset	复位	0x0000_0004
—	−2	固定	NMI	不可屏蔽中断,RCC 时钟安全系统(CSS)连接到 NMI 向量	0x0000_0008
—	−1	固定	硬件失效(HardFault)	所有类型的失效	0x0000_000C
—	0	可设置	存储管理(MemManage)	存储器管理	0x0000_0010
—	1	可设置	总线错误(BusFault)	预取指失败,存储器访问失败	0x0000_0014
—	2	可设置	错误应用(UsageFault)	未定义的指令或非法状态	0x0000_0018
—	—	—	—	保留	0x0000_001C ~0x0000_002B
—	3	可设置	SVCall	通过 SWI 指令的系统服务调用	0x0000_002C
—	4	可设置	调试监控(DebugMonitor)	调试监控器	0x0000_0030
—	—	—	—	保留	0x0000_0034
—	5	可设置	PendSV	可挂起的系统服务	0x0000_0038
—	6	可设置	SysTick	系统嘀嗒定时器	0x0000_003C
0	7	可设置	WWDG	窗口定时器中断	0x0000_0040
1	8	可设置	PVD	连到 EXTI 的电源电压检测(PVD)中断	0x0000_0044
2	9	可设置	TAMPER	侵入检测中断	0x0000_0048
3	10	可设置	RTC	实时时钟(RTC)全局中断	0x0000_004C
4	11	可设置	FLASH	闪存全局中断	0x0000_0050
5	12	可设置	RCC	复位和时钟控制(RCC)中断	0x0000_0054
6	13	可设置	EXTI0	EXTI 线 0 中断	0x0000_0058
7	14	可设置	EXTI1	EXTI 线 1 中断	0x0000_005C
8	15	可设置	EXTI2	EXTI 线 2 中断	0x0000_0060
9	16	可设置	EXTI3	EXTI 线 3 中断	0x0000_0064
10	17	可设置	EXTI4	EXTI 线 4 中断	0x0000_0068
11	18	可设置	DMA1 通道 1	DMA1 通道 1 全局中断	0x0000_006C
12	19	可设置	DMA1 通道 2	DMA1 通道 2 全局中断	0x0000_0070
13	20	可设置	DMA1 通道 3	DMA1 通道 3 全局中断	0x0000_0074
14	21	可设置	DMA1 通道 4	DMA1 通道 4 全局中断	0x0000_0078
15	22	可设置	DMA1 通道 5	DMA1 通道 5 全局中断	0x0000_007C
16	23	可设置	DMA1 通道 6	DMA1 通道 6 全局中断	0x0000_0080
17	24	可设置	DMA1 通道 7	DMA1 通道 7 全局中断	0x0000_0084
18	25	可设置	ADC1_2	ADC1 和 ADC2 的全局中断	0x0000_0088
19	26	可设置	USB_HP_CAN_TX	USB 高优先级或 CAN 发送中断	0x0000_008C

位置	优先级	优先级类型	名　称	说　明	地　址
20	27	可设置	USB_LP_CAN_RX0	USB 低优先级或 CAN 接收 0 中断	0x0000_0090
21	28	可设置	CAN_RX1	CAN 接收 1 中断	0x0000_0094
22	29	可设置	CAN_SCE	CAN SCE 中断	0x0000_0098
23	30	可设置	EXTI9_5	EXTI 线[9：5]中断	0x0000_009C
24	31	可设置	TIM1_BRK	TIM1 刹车中断	0x0000_00A0
25	32	可设置	TIM1_UP	TIM1 更新中断	0x0000_00A4
26	33	可设置	TIM1_TRG_COM	TIM1 触发和通信中断	0x0000_00A8
27	34	可设置	TIM1_CC	TIM1 捕获比较中断	0x0000_00AC
28	35	可设置	TIM2	TIM2 全局中断	0x0000_00B0
29	36	可设置	TIM3	TIM3 全局中断	0x0000_00B4
30	37	可设置	TIM4	TIM4 全局中断	0x0000_00B8
31	38	可设置	I2C1_EV	I2C1 事件中断	0x0000_00BC
32	39	可设置	I2C1_ER	I2C1 错误中断	0x0000_00C0
33	40	可设置	I2C2_EV	I2C2 事件中断	0x0000_00C4
34	41	可设置	I2C2_ER	I2C2 错误中断	0x0000_00C8
35	42	可设置	SPI1	SPI1 全局中断	0x0000_00CC
36	43	可设置	SPI2	SPI2 全局中断	0x0000_00D0
37	44	可设置	USART1	USART1 全局中断	0x0000_00D4
38	45	可设置	USART2	USART2 全局中断	0x0000_00D8
39	46	可设置	USART3	USART3 全局中断	0x0000_00DC
40	47	可设置	EXTI15_10	EXTI 线[15：10]中断	0x0000_00E0
41	48	可设置	RTCAlarm	连到 EXTI 的 RTC 闹钟中断	0x0000_00E4
42	49	可设置	USB 唤醒	连到 EXTI 的 USB 待机唤醒中断	0x0000_00E8
43	50	可设置	TIM8_BRK	TIM8 刹车中断	0x0000_00EC
44	51	可设置	TIM8_UP	TIM8 更新中断	0x0000_00F0
45	52	可设置	TIM8_TRG_COM	TIM8 触发和通信中断	0x0000_00F4
46	53	可设置	TIM8_CC	TIM8 捕获比较中断	0x0000_00F8
47	54	可设置	ADC3	ADC3 全局中断	0x0000_00FC
48	55	可设置	FSMC	FSMC 全局中断	0x0000_0100
49	56	可设置	SDIO	SDIO 全局中断	0x0000_0104
50	57	可设置	TIM5	TIM5 全局中断	0x0000_0108
51	58	可设置	SPI3	SPI3 全局中断	0x0000_010C
52	59	可设置	UART4	UART4 全局中断	0x0000_0110
53	60	可设置	UART5	UART5 全局中断	0x0000_0114
54	61	可设置	TIM6	TIM6 全局中断	0x0000_0118
55	62	可设置	TIM7	TIM7 全局中断	0x0000_011C
56	63	可设置	DMA2 通道 1	DMA2 通道 1 全局中断	0x0000_0120
57	64	可设置	DMA2 通道 2	DMA2 通道 2 全局中断	0x0000_0124
58	65	可设置	DMA2 通道 3	DMA2 通道 3 全局中断	0x0000_0128
59	66	可设置	DMA2 通道 4_5	DMA2 通道 4 和 DMA2 通道 5 全局中断	0x0000_012C

STM32F1xx 系列微控制器不同产品支持可屏蔽中断的数量略有不同，互联型的 STM32F105 系列微控制器和 STM32F107 系列微控制器共支持 68 个可屏蔽中断通道，而其他非互联型的产品（包括 STM32F103 系列微控制器）支持 60 个可屏蔽中断通道，上述通道均不包括 Cortex-M3 内核中断源。

4. STM32F103 系列微控制器中断服务程序

中断服务程序在结构上与函数非常相似。但是不同的是，函数一般有参数也有返回值，并在应用程序中被人为显式地调用执行，而中断服务程序一般没有参数也没有返回值，并只有中断发生时才会被自动隐式地调用执行。每个中断都有自己的中断服务程序，用来记录中断发生后要执行的真正意义上的处理操作。

充分理解中断优先级的相关概念非常重要。在设计一个实际的系统时，可能用到多个中断，如果中断优先级设置不正确，可能会导致系统工作不正常。

在 CubeMX 软件中，用户可以方便地管理各中断，可以设置中断优先级 4 位二进制的分组策略，可以开启某个外设的中断并设置其抢占优先级和响应优先级。

6.3　中断设置相关 HAL 驱动程序

中断管理相关的驱动程序的头文件是 stm32f1xx_hal_cortex.h，中断管理常用函数如表 6-3 所示。

表 6-3　中断管理常用函数

函 数 名	功 能 描 述
HAL_NVIC_SetPriorityGrouping( )	设置 4 位二进制数的优先级分组策略
HAL_NVIC_SetPriority( )	设置某个中断的抢占优先级和响应优先级
HAL_NVIC_EnableIRQ( )	启用某个中断
HAL_NVIC_DisableIRQ( )	禁用某个中断
HAL_NVIC_GetPriorityGrouping( )	返回当前的优先级分组策略
HAL_NVIC_GetPriority( )	返回某个中断的抢占优先级、响应优先级数值
HAL_NVIC_GetPendingIRQ( )	检查某个中断是否被挂起
HAL_NVIC_SetPendingIRQ( )	设置某个中断的挂起标志，表示发生了中断
HAL_NVIC_ClearPendgingIRQ( )	清除某个中断的挂起标志

表 6-3 中的前三个函数在 CubeMX 软件自动生成代码时会调用。下面介绍几个常用的函数，其他函数的详细定义和功能可以查看源程序。

1）函数 HAL_NVIC_SetPriorityGrouping( )

函数 HAL_NVIC_SetPriorityGrouping( )用于设置优先级分组策略，其函数原型定义如下：

```
void HAL_NVIC_SetPriorityGrouping(uint32_t PriorityGroup);
```

其中，参数 PriorityGroup 是优先级分组策略，在文件 stm32f1xx_hal_cortex.h 中的定义如下：

```
#define NVIC_PRIORITYGROUP_0    0x00000007U  //0 位抢占优先级, 4 位响应优先级
#define NVIC_PRIORITYGROUP_1    0x00000006U  //1 位抢占优先级, 3 位响应优先级
#define NVIC_PRIORITYGROUP_2    0x00000005U  //2 位抢占优先级, 2 位响应优先级
#define NVIC_PRIORITYGROUP_3    0x00000004U  //3 位抢占优先级, 1 位响应优先级
```

```
#define NVIC_PRIORITYGROUP_4        0x00000003U //4 位抢占优先级，0 位响应优先级
```

2）函数 HAL_NVIC_SetPriority( )

函数 HAL_NVIC_SetPriority( )用于设置某个中断的抢占优先级和响应优先级，其函数原型定义如下：

```
void HAL_NVIC_SetPriority(IRQn_Type IRQn, uint32_t PreemptPriority, uint32_t
SubPriority);
```

其中，参数 IRQn 是中断的中断号，为 IRQn_Type 枚举类型。IRQn_Type 枚举类型在 stm32f103xe.h 中定义，它定义了表 6-2 中所有中断的中断枚举值。在中断操作的相关函数中，都用 IRQn_Type 类型的中断号来表示中断，其部分定义如下：

```
typedef enum
{
    NonMaskableInt_IRQn         = -14,
    HardFault_IRQn              = -13,
    MemoryManagement_IRQn       = -12,
    BusFault_IRQn               = -11,
    UsageFault_IRQn             = -10,
    SVCall_IRQn                 = -5,
    DebugMonitor_IRQn           = -4,
    PendSV_IRQn                 = -2,
    SysTick_IRQn                = -1,
    WWDG_IRQn                   = 0,
    PVD_IRQn                    = 1,
    TAMPER_IRQn                 = 2,
    RTC_IRQn                    = 3,
    FLASH_IRQn                  = 4,
    RCC_IRQn                    = 5,
    EXTI0_IRQn                  = 6,
    EXTI1_IRQn                  = 7,
    EXTI2_IRQn                  = 8,
    EXTI3_IRQn                  = 9,
    EXTI4_IRQn                  = 10,
    ...
    EXTI9_5_IRQn                = 23,
    ...
    EXTI15_10_IRQn              = 40,
    ...
    DMA2_Channel4_5_IRQn        = 59,
} IRQn_Type;
```

请读者仔细观察这个枚举类型的定义，从上面的代码中看到，对于表 6-2 中的可屏蔽中断，其中断号枚举值就是在中断名称后面加上了"_IRQn"。

该函数的第二个参数 PreemptPriority 是抢占优先级数值，第三个参数 SubPriority 是响应优先级数值。这两个优先级数值的取值范围需要在设置的优先级分组策略的可设置范围之内。

假设使用了分组策略 2，对于中断号为 6 的外部中断 EXTI0，设置其抢占优先级为 1，响

应优先级为 0，则执行如下代码：

```
HAL_NVIC_SetPriority(EXTI0_IRQn,1,0);
```

3）函数 HAL_NVIC_EnableIRQ( )

函数 HAL_NVIC_EnableIRQ( )的功能是在 NVIC 控制器中开启某个中断，只有在 NVIC 中开启某个中断后，NVIC 才会对这个中断请求做出响应，执行相应的中断服务例程（ISR）。

其函数原型定义如下：

```
void HAL_NVIC_EnableIRQ(IRQn_Type IRQn);
```

其中，IRQn_Type 枚举类型的参数 IRQn 是中断号的枚举值。

6.4 STM32F103 系列微控制器的外部中断/事件控制器

STM32F103 系列微控制器的外部中断/事件控制器（EXTI）由 19 个产生事件/中断请求的边沿检测器组成。每个输入线可以独立地配置输入类型（脉冲或挂起）和对应的触发事件（上升沿或下降沿或双边沿都触发）。每个输入线都可以独立地被屏蔽。挂起寄存器保持着状态线的中断请求。

6.4.1 EXTI 的内部结构

在 STM32F103 系列微控制器中，EXTI 由 19 根外部输入线、19 个产生中断/事件请求的边沿检测器和 APB 外设接口等部分组成，EXTI 的内部结构图如图 6-1 所示。

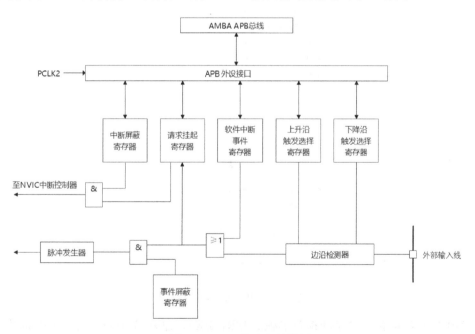

图 6-1 EXTI 的内部结构图

请注意，对于互联型产品，EXTI 由 20 个产生事件/中断请求的边沿检测器组成，对于其他产品（如 STM32F103 系列微控制器），则由 19 个能产生事件/中断请求的边沿检测器组成。我们以 STM32F103 系列微控制器为例进行说明，EXTI 的外部中断/事件输入线也有 19 根，分别是 EXTI0、EXTI1……EXTI18。除了 EXTI16（PVD 输出）、EXTI17（RTC 闹钟）和 EXTI18（USB 唤醒），其他 16 根外部信号输入线 EXTI0、EXTI1……EXTI15 可以分别对应于 STM32F103 系列微控制器的 16 个引脚 Px0、Px1……Px15，其中 x 为 A、B、C、D、E、F、G。

　　以 GPIO 引脚作为输入线的 EXTI 可以用于检测外部输入事件，如按键连接的 GPIO 引脚，使用外部中断方式检测按键输入比使用查询方式更加有效。

　　STM32F103 系列微控制器最多有 112 个引脚，可以以下方式连接到 16 根外部中断/事件输入线上（见图 6-2），任一端口的 0 号引脚（如 PA0、PB0……PG0）映射到 EXTI 的外部中断/事件输入线 EXTI0 上，任一端口的 1 号脚（如 PA1、PB1……PG1）映射到 EXTI 的外部中断/事件输入线 EXTI1 上，以此类推，任一端口的 15 号引脚（如 PA15、PB15……PG15）映射到 EXTI 的外部中断/事件输入线 EXTI15 上。需要注意的是，在同一时刻，只能有一个端口的 n 号引脚映射到 EXTI 对应的外部中断/事件输入线 EXTIn 上。

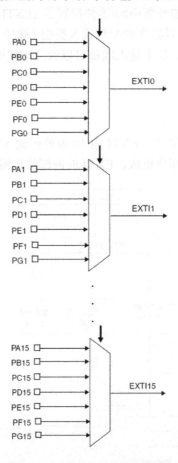

图 6-2　外部中断/事件输入线映射

　　EXTI0 至 EXTI4 的每个中断都有单独的 ISR，EXTI 线[9：5]中断共用一个中断号，也就是共用 ISR，EXTI 线[15：10]中断也共用 ISR。共用的 ISR，需要在 ISR 里再判断具体是哪个 EXTI 线产生的中断，然后做出相应的处理。

　　如果将 STM32F103 系列微控制器的 I/O 引脚映射为 EXTI 的外部中断/事件输入线，必须将该引脚设置为输入模式。

图 6-1 上部的 APB 外设接口是 STM32F103 系列微控制器每个功能模块都有的部分，CPU 通过该接口访问各个功能模块。如果使用 STM32F103 系列微控制器引脚的外部中断/事件映射功能，必须打开 APB2 总线上该引脚对应端口的时钟及 AFIO 功能时钟。

EXTI 中的边沿检测器共有 19 个，用来连接 19 个外部中断/事件输入线，是 EXTI 的主体部分。每个边沿检测器由边沿检测电路、控制寄存器、门电路和脉冲发生器等部分组成。

6.4.2　EXTI 工作原理

下面讲述 EXTI 工作原理，即 STM32F103 系列微控制器中外部中断/事件请求信号的产生和传输过程。

外部中断/事件请求的产生和传输过程如下。

（1）外部信号从 STM32F103 系列微控制器引脚进入，经过边沿检测电路，这个边沿检测电路受到上升沿触发选择寄存器和下降沿触发选择寄存器控制，用户可以配置这两个寄存器选择在哪一个边沿产生中断/事件。由于选择上升沿或下降沿分别受两个平行的寄存器控制，所以用户还可以在双边沿（同时选择上升沿和下降沿）都产生中断/事件。经过或门，这个或门的另一个输入是中断/事件寄存器，由此可见，软件可以优先于外部信号产生一个中断/事件请求，即当软件中断/事件寄存器对应位为 1 时，不管外部信号如何，或门都会输出有效的信号。到此为止，无论是中断还是事件，外部请求信号的传输路径都是一致的。

外部请求信号进入与门，这个与门的另一个输入是事件屏蔽寄存器。如果事件屏蔽寄存器的对应位为 0，则该外部请求信号不能传输到与门的另一端，从而实现对某个外部事件的屏蔽；如果事件屏蔽寄存器的对应位为 1，则与门产生有效的输出并送至脉冲发生器。脉冲发生器把一个跳变的信号转变为一个单脉冲，输出到 STM32F103 系列微控制器的其他功能模块。以上是外部事件请求信号的传输路径。

（2）外部请求信号进入挂起请求寄存器，挂起请求寄存器记录了外部信号的电平变化。外部请求信号经过挂起请求寄存器后，最后经过与门（引入中断屏蔽寄存器的控制），只有当中断屏蔽寄存器的对应位为 1 时，该外部请求信号才被送至 Cortex-M3 内核的 NVIC 中断控制器，从而发出一个中断请求，否则会被屏蔽。以上是外部中断请求信号的传输路径。

由上面讲述的外部中断/事件请求信号的产生和传输过程可知，从外部激励信号看，中断和事件的请求信号没有区别，只是在 STM32F103 系列微控制器内部将它们分开。

一路信号（中断）会被送至 NVIC 向 CPU 产生中断请求，至于 CPU 如何响应，由用户编写或系统默认的对应的中断服务程序决定。另一路信号（事件）会向其他功能模块（如定时器、USART.DMA 等）发送脉冲触发信号，至于其他功能模块会如何响应这个脉冲触发信号，则由对应的模块自己决定。

6.4.3　EXTI 主要特性

（1）每个中断/事件都有独立的触发和屏蔽。
（2）每个中断线都有专用的状态位。
（3）可以将 112 个通用 I/O 引脚映射到 16 个外部中断/事件输入线上。
（4）检测脉冲宽度低于 APB2 时钟宽度的外部信号。

6.5 外部中断相关的 HAL 驱动函数

下面介绍外部中断相关的 HAL 驱动函数，外部中断相关函数如表 6-4 所示。

表 6-4 外部中断相关函数

函 数 名	功 能 描 述
__HAL_GPIO_EXTI_GET_IT( )	检查某个外部中断线是否有挂起的中断
__HAL_GPIO_EXTI_CLEAR_IT( )	清除某个外部中断线的挂起标志位
__HAL_GPIO_EXTI_GET_FLAG( )	与 __HAL_GPIO_EXTI_GET_IT( )相同
__HAL_GPIO_EXTI_CLEAR_FLAG( )	与 __HAL_GPIO_EXTI_CLEAR_IT( )相同
__HAL_GPIO_EXTI_GENERATE_SWIT( )	在某个外部中断线上产生软中断
HAL_GPIO_EXTI_IRQHandler( )	外部中断 ISR 中调用的通用处理函数
HAL_GPIO_EXTI_Callback( )	外部中断处理的回调函数，需要用户重新实现

1. 读取和清除中断标志

在 HAL 库中，以"__HAL"为前缀的函数都是宏函数，表 6-4 中的前几个函数均为宏函数。如 __HAL_GPIO_EXTI_GET_IT( )的定义如下：

```
#define __HAL_GPIO_EXTI_GET_IT(__EXTI_LINE__) (EXTI->PR & (__EXTI_LINE__))
```

它的功能就是检查外部中断挂起寄存器（EXTI_PR）中某个中断线的挂起标志位是否置位。参数 __EXTI_LINE__ 是某个外部中断线，用 GPIO_PIN_0、GPIO_PIN_1 等宏定义常量表示。函数的返回值只要不等于 0（用宏 RESET 表示 0），就表示外部中断线挂起标志位被置位，有未处理的中断事件。

函数 __HAL_GPIO_EXTI_CLEAR_IT( )用于清除某个中断线的中断挂起标志位，其定义如下：

```
#define __HAL_GPIO_EXTI_CLEAR_IT(__EXTI_LINE__) (EXTI->PR = (__EXTI_LINE__))
```

向外部中断挂起寄存器（EXTI_PR）的某个中断线位写入 1 就可以清除该中断线的挂起标志。在外部中断的 ISR 里处理完中断后，我们需要调用这个函数清除挂起标志位，以便再次响应下一次中断。

2. 在某个外部中断线上产生软中断

函数 __HAL_GPIO_EXTI_GENERATE_SWIT( )的功能是在某个中断线上产生软中断，其定义如下：

```
#define __HAL_GPIO_EXTI_GENERATE_SWIT(__EXTI_LINE__) (EXTI->SWIER |= (__EXTI_LINE__))
```

它实际上就是将外部中断的软件中断事件寄存器（EXTI_SWIER）中对应中断线 __EXTI_LINE__ 的位置 1，通过软件的方式产生某个外部中断。

3. 外部中断 ISR 及中断处理回调函数

对于 0 到 15 线的外部中断，从表 6-2 可以看出：EXTI0 至 EXTI4 有独立的 ISR，EXTI[9：5] 共用一个 ISR，EXTI[15：10]共用一个 ISR。在启用某个中断后，在 CubeMX 软件自动生成的中断处理程序文件 stm32f1xx_it.c 中会生成 ISR 的代码框架。这些外部中断 ISR 的代码都是一样的，下面是几个外部中断的 ISR 代码框架，只保留了其中一个 ISR 的完整代码，其他的则删除了代码沙箱注释。

```
void EXTI0_IRQHandler(void)
{
    /* USER CODE BEGIN EXTI0_IRQn 0 */

    /* USER CODE END EXTI0_IRQn 0 */
    HAL_GPIO_EXTI_IRQHandler(GPIO_PIN_0);
    /* USER CODE BEGIN EXTI0_IRQn 1 */

    /* USER CODE END EXTI0_IRQn 1 */
}


void EXTI9_5_IRQHandler(void)
{
    HAL_GPIO_EXTI_IRQHandler(GPIO_PIN_5);
}


void EXTI15_10_IRQHandler(void)
{
    HAL_GPIO_EXTI_IRQHandler(GPIO_PIN_11);
}
```

从上面的代码中可以看到，这些 ISR 都调用了函数 HAL_GPIO_EXTI_IRQHandler( )，并以中断线作为函数参数。因此，函数 HAL_GPIO_EXTI_IRQHandler( )是外部中断处理通用函数，这个函数的代码如下：

```
void HAL_GPIO_EXTI_IRQHandler(uint16_t GPIO_Pin)
{
    /* EXTI line interrupt detected */
    if (__HAL_GPIO_EXTI_GET_IT(GPIO_Pin) != 0x00u)      //检测中断挂起标志
    {
        __HAL_GPIO_EXTI_CLEAR_IT(GPIO_Pin);             //清除中断挂起标志
        HAL_GPIO_EXTI_Callback(GPIO_Pin);               //执行回调函数
    }
}
```

该函数的作用就是，如果检测到中断线 GPIO_Pin 的中断挂起标志不为 0，就清除中断挂起标志，然后执行函数 HAL_GPIO_EXTI_Callback( )。这个函数是对中断进行响应处理的回调函数，它的代码框架在文件 stm32f1xx_hal_gpio.c 中，代码如下：

```
__weak void HAL_GPIO_EXTI_Callback(uint16_t GPIO_Pin)
{
    /* Prevent unused argument(s) compilation warning */
    //使用 UNUSED()函数避免编译时出现未使用变量的警告
    UNUSED(GPIO_Pin);
    /* NOTE: This function Should not be modified, when the callback is needed,
    the HAL_GPIO_EXTI_Callback could be implemented in the user file */
```

```
//注意：不要直接修改这个函数，如需使用回调函数，可在用户文件中重新实现该函数
}
```

上面所示的函数前面有个修饰符__weak，这是用来定义弱函数的。什么是弱函数呢？它是 HAL 库中预先定义的带有__weak 修饰符的函数，如果用户没有重新实现这些函数，编译时就编译这些弱函数，如果在用户程序文件里重新实现了这些函数，就编译用户重新实现的函数。用户重新实现一个弱函数时，要舍弃修饰符__weak。

弱函数一般用作中断处理的回调函数，如这里的函数 HAL_GPIO_EXTI_Callback( )。如果用户重新实现了这个函数，可以对某个外部中断做出具体的处理，用户代码就会被编译进去。

在 CubeMX 软件生成的代码中，所有中断 ISR 采用下面这样的处理框架。

（1）在文件 stm32f1xx it.c 中，自动生成已启用中断的 ISR 代码框架，如为 EXTI0 中断生成 ISR 函数 EXTI0_ IRQHandler( )的代码框架。

（2）在中断的 ISR 里，执行 HAL 库中为该中断定义的通用处理函数，如外部中断的通用处理函数是 HAL_GPIO_EXTI_IRQHandler( )。通常，一个外设只有一个中断号，一个 ISR 有一个通用处理函数，也可能多个中断号共用一个通用处理函数，如外部中断就有多个中断号，但是 ISR 里调用的通用处理函数都是 HAL GPIO EXTI IRQHandler( )。

（3）ISR 里调用的中断通用处理函数是 HAL 库里定义的，如 HAL GPIO EXTI IRQHandler( )是外部中断的通用处理函数。在中断的通用处理函数里，会自动进行中断事件来源的判断（一个中断号一般有多个中断事件源）、中断标志位的判断和清除，并调用与中断事件源对应的回调函数。

（4）一个中断号一般有多个中断事件源，HAL 库中会为一个中断号的常用中断事件定义回调函数，在中断的通用处理函数里判断中断事件源并调用相应的回调函数。外部中断只有一个中断事件源，所以只有一个回调函数 HAL_GPIO_EXTI_Callback( )。定时器则有多个中断事件源，所以在定时器的 HAL 驱动程序中，针对不同的中断事件源定义了不同的回调函数。

（5）HAL 库中定义的中断事件处理的回调函数都是弱函数，需要用户重新实现回调函数，从而实现对中断的具体处理。

在 STM32Cube 编程方式中，用户只需搞清楚与中断事件对应的回调函数，然后重新实现回调函数即可。对于外部中断，只有一个中断事件源，所以只有一个回调函数 HAL_GPIO_EXTI_Callback( )。在对外部中断进行处理时，只需重新实现这个函数即可。

6.6 外部中断实例

6.6.1 利用外部中断检测按键并控制 LED 灯

根据第 5 章 5.8.3 节按键输入检测及代码分析中的介绍，已知开发板上有两个按键 KEY1 和 KEY2，其对应的引脚分别是 PC13 和 PD13。在第 5 章 5.8.3 节中，我们通过查询按键连接的引脚状态来判断按键是否被按下，进而控制 LED 灯的亮灭状态。

在本次项目中，我们仍然要实现通过按键状态的改变来控制 LED 灯的亮灭状态，具体要求是：按键 KEY1 每被按下一次，LED1 的状态就要发生一次翻转（亮灭切换）；按键 KEY2 每被按下一次，LED5 的状态就要发生一次翻转（亮灭切换）。

LED 灯的电路图参考图 5-2，按键电路图参考图 5-7。

参考第 4 章 4.1 节的内容，在 CubeMX 软件里，选择 STM32F103VE 新建一个项目并进行初始化配置。初始化配置完成后，根据表 6-5 所示的与按键和 LED 灯连接的 GPIO 引脚的配置对 GPIO 引脚进行设置。

表 6-5　与按键和 LED 灯连接的 GPIO 引脚的配置

用户标签	引脚名称	引脚功能	GPIO 模式	上拉或下拉	优先级设置
KEY1	PC13	GPIO_EXTI13	下降沿触发外部中断	上拉	抢占 2，响应 0
KEY2	PD13	GPIO_Input	输入	上拉	无
LED1	PE7	GPIO_Output	推挽输出	无	无
LED5	PE3	GPIO_Output	推挽输出	无	无

在引脚视图上，单击相应的引脚，在弹出的菜单中选择引脚功能，在 GPIO 组件的模式和配置页面，对引脚的外部中断触发方式、上拉或下拉等进行设置。与按键和 LED 灯对应的 GPIO 引脚的配置结果如图 6-3 所示。

Pin Name	Signal on Pin	GPIO output level	GPIO mode	GPIO Pull-up/Pull-do...	Maximum output sp...	User Label
PC13-TAMPER-RTC	n/a	n/a	External Interrupt M...	Pull-up	n/a	KEY1
PD13	n/a	n/a	Input mode	Pull-up	n/a	KEY2
PE3	n/a	High	Output Push Pull	No pull-up and no p...	Low	LED5
PE7	n/a	High	Output Push Pull	No pull-up and no p...	Low	LED1

图 6-3　与按键和 LED 灯对应的 GPIO 引脚的配置结果

在 CubeMX 组件面板的"System Core"分组里，单击组件"NVIC"，在其模式与配置界面进行中断设置，组件 NVIC 的模式和配置界面如图 6-4 所示。

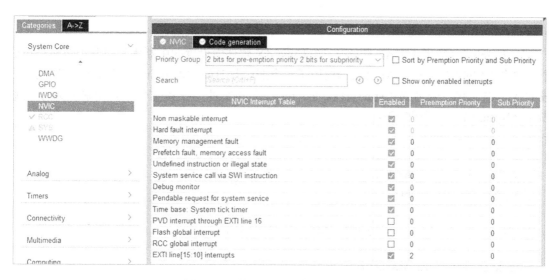

图 6-4　组件 NVIC 的模式和配置界面

首先在"Priority Group"（优先级分组）下拉列表里选择优先级分组，也就是 4 个二进制位的分配。这里选择"2 bits for pre-emption priority 2 bits for subpriority"，即 2 位用于抢占优先级，2 位用于响应优先级。

"EXTI line[15：10] interrupts"的抢占优先级设置为 2，响应优先级设置为 0，并选中该行

"Enabled" 列的复选框。

因为按键 KEY1 对应的引脚是 PC13, 其对应的中断是 EXTI[15: 0], 所以需要使能该中断, 并设置该中断的抢占优先级和响应优先级。因为我们在程序中会用到函数 HAL_Delay( ), 该函数用到了嘀嗒定时器中断, 而这个中断 (见图 6-4 中的 "Time base:System tick timer") 的抢占优先级为 0。如果外部中断的抢占优先级为 0, 执行外部中断 ISR 时调用 HAL_Delay( ), 则滴答定时器中断无法抢占, 函数 HAL_Delay( )的执行就会陷入死循环。因此, 我们将外部中断的抢占优先级设置为 1 或 2, 这样就能保证嘀嗒定时器中断可以抢占外部中断, 程序能够正常执行。

6.6.2 项目代码分析

1. 主程序

在 CubeMX 软件中完成配置后即可生成代码, 打开工程, 在 main.c 中的主程序代码如下所示 (此处代码省略了绝大多数注释语句), 它调用了函数 MX_GPIO_Init( )进行 GPIO 引脚的初始化。

```
int main(void)
{
  HAL_Init();                    //HAL 初始化, 调用 HAL_MspInit()进行中断优先级分组设置
  SystemClock_Config();          //系统时钟设置
  MX_GPIO_Init();                //GPIO 设置和 EXTI 设置

  while (1)                       //主循环
  {
  }
}
```

HAL_Init( )函数用于 HAL 初始化, 在 CubeMX 软件中设置的中断优先级分组策略是在这个函数中用代码实现的。HAL_Init( )调用了一个弱函数 HAL_MspInit( ), 在 CubeMX 软件生成的代码中, 有一个名为 "stm32f1xx_hal_msp.c" 的文件, 在该文件中, 重新实现了函数 HAL_MspInit( ), 其代码如下:

```
void HAL_MspInit(void)
{
  __HAL_RCC_AFIO_CLK_ENABLE();
  __HAL_RCC_PWR_CLK_ENABLE();

  HAL_NVIC_SetPriorityGrouping(NVIC_PRIORITYGROUP_2);

  __HAL_AFIO_REMAP_SWJ_DISABLE();
}
```

在上面的函数中, 调用 HAL_NVIC_SetPriorityGrouping(NVIC_PRIORITYGROUP_2)将优先级分组设置为分组策略 2。

在 CubeMX 软件中为按键和 LED 灯的对应引脚定义了用户标签, 因为文件 main.h 中生成了这些引脚的引脚号和端口的宏定义, 还有按键 KEY1 对应的外部中断引脚, 以及中断号

的宏定义。这些宏定义的代码如下：

```
#define LED5_Pin              GPIO_PIN_3
#define LED5_GPIO_Port        GPIOE
#define KEY1_Pin              GPIO_PIN_13
#define KEY1_GPIO_Port        GPIOC
#define KEY1_EXTI_IRQn        EXTI15_10_IRQn
#define LED1_Pin              GPIO_PIN_7
#define LED1_GPIO_Port        GPIOE
#define KEY2_Pin              GPIO_PIN_13
#define KEY2_GPIO_Port        GPIOD
```

2. GPIO 及 EXTI 中断初始化

文件 gpio.c 中的函数 MX_GPIO_Init( )实现了 GPIO 引脚和 EXTI 中断的初始化，代码如下：

```
void MX_GPIO_Init(void)
{
  GPIO_InitTypeDef GPIO_InitStruct = {0};

  /* GPIO 端口时钟使能*/
  __HAL_RCC_GPIOE_CLK_ENABLE();
  __HAL_RCC_GPIOC_CLK_ENABLE();
  __HAL_RCC_GPIOD_CLK_ENABLE();

  /*两个 LED 灯引脚输出电平的配置 */
  HAL_GPIO_WritePin(GPIOE, LED5_Pin|LED1_Pin, GPIO_PIN_SET);

  /*配置 LED 灯的 GPIO 引脚 */
  GPIO_InitStruct.Pin = LED5_Pin|LED1_Pin;
  GPIO_InitStruct.Mode = GPIO_MODE_OUTPUT_PP;
  GPIO_InitStruct.Pull = GPIO_NOPULL;
  GPIO_InitStruct.Speed = GPIO_SPEED_FREQ_LOW;
  HAL_GPIO_Init(GPIOE, &GPIO_InitStruct);

  /*配置按键 KEY1 的 GPIO 引脚, 上拉输入, 下降沿触发 */
  GPIO_InitStruct.Pin = KEY1_Pin;
  GPIO_InitStruct.Mode = GPIO_MODE_IT_FALLING;
  GPIO_InitStruct.Pull = GPIO_PULLUP;
  HAL_GPIO_Init(KEY1_GPIO_Port, &GPIO_InitStruct);

  /*配置按键 KEY2 的 GPIO 引脚 */
  GPIO_InitStruct.Pin = KEY2_Pin;
  GPIO_InitStruct.Mode = GPIO_MODE_INPUT;
  GPIO_InitStruct.Pull = GPIO_PULLUP;
  HAL_GPIO_Init(KEY2_GPIO_Port, &GPIO_InitStruct);
```

```
/*外部中断初始化配置*/
HAL_NVIC_SetPriority(EXTI15_10_IRQn, 2, 0);      //设置中断优先级
HAL_NVIC_EnableIRQ(EXTI15_10_IRQn);              //使能中断
}
```

这个函数是对 LED 灯及按键的对应引脚的初始化配置，与第 5 章的 MX_GPIO_Init( )代码基本一致，只是本函数的后半部分是对外部中断的设置，设置了中断优先级，根据在 CubeMX 软件中的配置（见图 6-4），抢占优先级设置为 2，响应优先级设置为 0。最后调用 HAL_NVIC_EnableIRQ(EXTI15_10_IRQn)函数，使能中断。

3. 外部中断的中断服务例程

EXTI10 至 EXTI15 共用 ISR，在文件 stm32f1xx_it.c 中自动生成了中断服务例程的代码框架，代码如下：

```
void EXTI15_10_IRQHandler(void)
{
  HAL_GPIO_EXTI_IRQHandler(GPIO_PIN_13);
}
```

前面已分析了外部中断 ISR 的执行原理，这些 ISR 最终都要调用回调函数 HAL_GPIO_EXTI_Callback( )，因此用户需要重新实现这个回调函数，实现设计功能。

4. 编写用户功能代码

1）重新编辑函数 main( )

重新编辑之后的函数 main( )代码如下：

```
/* USER CODE BEGIN 0 */
//bit1--KEY2(1:PRESS,0:NO)
uint8_t KEY_Press = 0;

void ScanKEY(void)
{
    if(0==HAL_GPIO_ReadPin(GPIOD,GPIO_PIN_13))
    {
        HAL_Delay(20);
        if(0==HAL_GPIO_ReadPin(GPIOD,GPIO_PIN_13))
        {
            KEY_Press |= 0X02;
        }
    }
}
/* USER CODE END 0 */


/* USER CODE BEGIN WHILE */
  while (1)
  {
        ScanKEY();
```

```
        if(KEY_Press&0x02)
        {
            KEY_Press &= ~0x02;
            HAL_GPIO_TogglePin(GPIOE,GPIO_PIN_3);//LED5
        }
        HAL_Delay(300);
/* USER CODE END WHILE */
```

　　因为按键 KEY2 还是使用查询的方式进行判断，所以此处所用代码与第 5 章的按键查询代码一样，即使用查询方式检测按键 KEY2 是否被按下，编写函数 ScanKEY( )检测按键是否被按下，并将结果存储到 KEY_Press 变量中，如果检测到按键 KEY2 被按下，则 KEY_Press 变量的 bit1 位会被置 1。然后在主循环中，循环调用函数 ScanKEY( )检测按键是否被按下，并根据检测结果控制 LED5 的状态。

　　2）重新实现中断回调函数

　　要处理外部中断，只需要重新实现回调函数 HAL_GPIO_EXTI_Callback( )即可。我们可以在任何一个文件中实现这个回调函数，比如我们可以在 stm32f1xx_it.c、main.c 或 gpio.c 中实现，并且无须在头文件中声明其函数原型。

　　这里我们选择在 gpio.c 中重新实现这个函数，需要注意的是，我们需要将代码写在一个代码沙箱内。

　　重新实现中断回调函数的代码如下：

```
/* USER CODE BEGIN 2 */
void HAL_GPIO_EXTI_Callback(uint16_t GPIO_Pin)
{
    if(GPIO_Pin == KEY1_Pin)                          //判断是哪个中断
    {
        HAL_GPIO_TogglePin(LED1_GPIO_Port,LED1_Pin);  //翻转 LED1 的状态
    }
}
/* USER CODE END 2 */
```

　　函数的参数 GPIO_Pin 是触发外部中断的中断线，可用于判断哪个外部中断发生了。该函数的代码功能很简单，判断出按键 KEY1 引脚触发了外部中断后，将 LED1 的状态翻转。

　　这样我们成功实现了利用外部中断触发方式检测按键，其中按键 KEY1 的检测使用的是外部中断触发的方式；按键 KEY2 的检测仍使用的是第 5 章使用的查询方式，读者可以按下两个按键并观察对应的 LED 灯，可以很直观地看出，外部中断触发方式更加精准高效。

6.6.3　本例代码

　　main.c 代码如下：

```
#include "main.h"
#include "gpio.h"
void SystemClock_Config(void);


/* USER CODE BEGIN 0 */
```

```
uint8_t KEY_Press = 0;
void ScanKEY(void)
{
    if(0==HAL_GPIO_ReadPin(GPIOD,GPIO_PIN_13))
    {
        HAL_Delay(20);
        if(0==HAL_GPIO_ReadPin(GPIOD,GPIO_PIN_13))
        {
            KEY_Press |= 0X02;
        }
    }
}
/* USER CODE END 0 */

int main(void)
{
  HAL_Init();
  SystemClock_Config();
  MX_GPIO_Init();
  /* USER CODE BEGIN WHILE */
  while (1)
  {
        ScanKEY();
        if(KEY_Press&0x02)
        {
            KEY_Press &= ~0x02;
            HAL_GPIO_TogglePin(GPIOE,GPIO_PIN_3);//LED5
        }
        HAL_Delay(300);
    /* USER CODE END WHILE */
  }
}

void SystemClock_Config(void)
{
    ...//省略
}

void Error_Handler(void)
{
}
```

gpio.c 代码如下：

```
#include "gpio.h"
void MX_GPIO_Init(void)
```

```
{
    GPIO_InitTypeDef GPIO_InitStruct = {0};
    __HAL_RCC_GPIOE_CLK_ENABLE();
    __HAL_RCC_GPIOC_CLK_ENABLE();
    __HAL_RCC_GPIOD_CLK_ENABLE();
    HAL_GPIO_WritePin(GPIOE, LED5_Pin|LED1_Pin, GPIO_PIN_SET);
    GPIO_InitStruct.Pin = LED5_Pin|LED1_Pin;
    GPIO_InitStruct.Mode = GPIO_MODE_OUTPUT_PP;
    GPIO_InitStruct.Pull = GPIO_NOPULL;
    GPIO_InitStruct.Speed = GPIO_SPEED_FREQ_LOW;
    HAL_GPIO_Init(GPIOE, &GPIO_InitStruct);

    GPIO_InitStruct.Pin = KEY1_Pin;
    GPIO_InitStruct.Mode = GPIO_MODE_IT_FALLING;
    GPIO_InitStruct.Pull = GPIO_PULLUP;
    HAL_GPIO_Init(KEY1_GPIO_Port, &GPIO_InitStruct);

    GPIO_InitStruct.Pin = KEY2_Pin;
    GPIO_InitStruct.Mode = GPIO_MODE_INPUT;
    GPIO_InitStruct.Pull = GPIO_PULLUP;
    HAL_GPIO_Init(KEY2_GPIO_Port, &GPIO_InitStruct);

    HAL_NVIC_SetPriority(EXTI15_10_IRQn, 2, 0);
    HAL_NVIC_EnableIRQ(EXTI15_10_IRQn);
}


/* USER CODE BEGIN 2 */
void HAL_GPIO_EXTI_Callback(uint16_t GPIO_Pin)
{
    if(GPIO_Pin == KEY1_Pin)
    {
        HAL_GPIO_TogglePin(LED1_GPIO_Port,LED1_Pin);
    }
}
/* USER CODE END 2 */
```

本章小结

本章介绍了中断系统的定义、中断的应用、中断源、中断屏蔽、中断处理；之后具体讲解了 STM32F103 系列微控制器的中断系统，重点是中断优先级、中断服务函数；介绍了中断相关的 HAL 驱动程序，详细介绍了外部中断，并以外部中断触发方式检测按键为例进行了实例分析与讲解。

思考与练习

1．什么是中断？

2．简述中断应用的特点（优点）。

3．简述中断源的定义。

4．简述中断优先级的概念及作用。

5．在 STM32 系列微控制器的中断系统中，什么是抢占优先级，什么是响应优先级？

6．什么是中断向量表？

7．请更改程序，以中断方式识别按键 KEY1、KEY2 是否能继续使用中断方式，为什么？

第 7 章

定时器

微控制器中的定时器本质上是一个计数器，可以对内部脉冲或外部输入进行计数，不仅具有基本的延时/计数功能，还具有输入捕获、输出比较和 PWM 波形输出等高级功能。在嵌入式开发中，充分利用定时器的强大功能，可以显著提高外设驱动的编程效率和 CPU 利用率，增强系统的实时性。

7.1 定时器概述

STM32F103 系列微控制器的定时器比传统的 51 单片机要复杂得多，它是专门为工业控制应用量身定做的，具有延时、频率测量、PWM 输出、电机控制及编码接口等功能。STM32F103 系列微控制器内部集成了多个可编程定时器，可以分为基本定时器（TIM6、TIM7）、通用定时器（TIM2、TIM3、TIM4、TIM5）和高级定时器（TIM1、TIM8）3 种类型。从功能上看，通用定时器包含基本定时器的所有功能，而高级定时器又包含通用定时器的所有功能。

STM32F103 系列微控制器的定时器功能描述如表 7-1 所示。

表 7-1 STM32F103 系列微控制器的定时器功能描述

主 要 特 点	基本定时器	通用定时器	高级定时器
定时器	TIM6、TIM7	TIM2、TIM3、TIM4、TIM5	TIM1、TIM8
内部时钟 CK_INT 来源	APB1 分频器	APB1 分频器	APB2 分频器
内部预分频器的位数（分频范围）	16 位（1～65 536）	16 位（1～65 536）	16 位（1～65 536）
内部计数器的位数（计数范围）	16 位（1～65 536）	16 位（1～65 536）	16 位（1～65 536）
更新中断和 DMA	√	√	√
计数方向	向上	向上、向下、向上/向下	向上、向下、向上/向下
外部事件计数	×	√	√
定时器触发或级联	×	√	√
4 个独立捕获/比较通道	×	√	√
单脉冲输出方式	×	√	√
正交编码器输入	×	√	√
霍尔传感器输入	×	√	√
刹车信号输入	×	×	√
带死区的 PWM 互动输出	×	×	√

7.2　基本定时器

7.2.1　基本定时器概要

基本定时器 TIM6 和 TIM7 各包含一个 16 位自动装载计数器。由各自的可编程预分频器驱动。它们可以作为通用定时器来提供时间基准，特别是可以为数模转换器（DAC）提供时钟。实际上，它们在芯片内部直接连接到 DAC 并通过触发输出直接驱动 DAC。

这两个定时器是互相独立的，不共享任何资源。

7.2.2　基本定时器主要特性介绍

基本定时器 TIM6 和 TIM7 的主要特性如下。

（1）具有 16 位自动重装载累加计数器。

（2）具有 16 位可编程（可实时修改）预分频器，用于对输入的时钟按系数（1～65 536 之间的任意数值）分频。

（3）可触发 DAC 的同步电路。

（4）在更新事件（计数器溢出）时产生中断/DMA 请求。

基本定时器内部结构框图如图 7-1 所示。

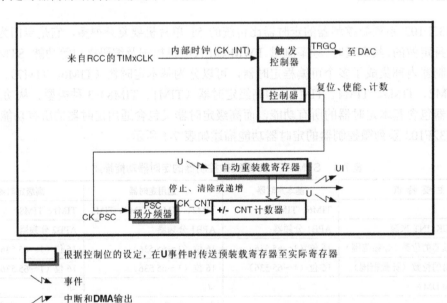

图 7-1　基本定时器内部结构框图

7.2.3　基本定时器的组成和功能

1. 时基单元

这个可编程定时器的主要部分是一个带有自动重装载的 16 位累加计数器，累加计数器的时钟通过一个预分频器得到。软件可以读写计数器、自动重装载寄存器和预分频寄存器，即使计数器运行时也可以操作。

时基单元包含：

（1）计数器寄存器（TIMx_CNT）；

（2）预分频寄存器（TIMx_PSC）；

（3）自动重装载寄存器（TIMx_ARR）。

2. 时钟源

从基本定时器内部结构框图可以看出，基本定时器 TIM6 和 TIM7 只有一个时钟源，即内部时钟 CK_INT。对于 STM32F103 系列微控制器中所有的定时器，内部时钟 CK_INT 都来自 RCC 的 TIMxCLK，但对于不同的定时器，TIMxCLK 的来源不同。在基本定时器 TIM6 和 TIM7 中，其 RCC 的 TIMxCLK 来源于 APB1 预分频器的输出，系统默认情况下，APB1 的时钟频率为 72MHz。

3. 预分频器

预分频器可以以 1～65 536 之间的任意数值为系数对计数器时钟分频。它是通过一个 16 位寄存器（TIMx_PSC）的计数实现分频的。因为 TIMx_PSC 控制寄存器具有缓冲作用，可以在运行过程中改变它的数值，所以新的预分频数值将在下一个更新事件时起作用。

4. 计数模式

基本定时器只有向上计数的工作模式，基本定时器工作时，脉冲计数器 TIMx_CNT 从 0 累加计数到自动重装载数值（TIMx_ARR 寄存器），然后重新从 0 开始计数并产生一个计数器溢出事件。由此可见，如果使用基本定时器进行延时，延时时间可以由以下公式计算：

$$延时时间 = （TIMx\_ARR+1）× （TIMx\_PSC+1）/ TIMxCLK$$

当发生一次更新事件时，所有寄存器会被更新并设置更新标志：传送预装载值（TIMx_PSC 寄存器的内容）至预分频器的缓冲区，自动重装载影子寄存器被更新为预装载值（TIMx_ARR）。

7.3 通用定时器

7.3.1 通用定时器概要

通用定时器（TIM2、TIM3、TIM4 和 TIM5）是一个通过可编程预分频器驱动的 16 位自动装载计数器。它适用于多种场合，包括测量输入信号的脉冲长度（输入捕获）或产生输出波形（输出比较和 PWM)。使用定时器预分频器和 RCC 时钟控制器预分频器时，脉冲长度和波形周期可以在几微秒到几毫秒间调整。

每个通用定时器都是完全独立的，没有互相共享任何资源。它们可以一起同步操作。

7.3.2 通用定时器主要特性介绍

通用定时器 TIMx（TIM2、TIM3、TIM4 和 TIM5）的功能特性主要包括以下几点。

（1）16 位向上、向下、向上/向下自动装载计数器。

（2）16 位可编程（可以实时修改）预分频器，计数器时钟频率的分频系数为 1～65 536 之间的任意数值。

（3）4 个独立通道：

    ① 输入捕获；

    ② 输出比较；

    ③ PWM 生成（边缘或中间对齐模式）；

    ④ 单脉冲模式输出。

（4）使用外部信号控制定时器和定时器互连的同步电路。

（5）如下事件发生时产生中断/DMA：

    ① 更新计数器向上溢出/向下溢出，计数器初始化（通过软件或内部/外部触发）；

    ② 触发事件（计数器启动、停止、初始化或由内部/外部触发计数）；

    ③ 输入捕获；

    ④ 输出比较。

（6）支持针对定位的增量（正交）编码器和霍尔传感器电路。

（7）触发输入作为外部时钟或按周期的电流管理。

7.3.3　通用定时器的组成和功能

与基本定时器相比，通用定时器内部结构更加复杂，其中最显著的地方就是增加了 4 个捕获/比较寄存器 TIMx_CCR，这也是通用定时器拥有更加强大功能的原因。

1. 时基单元

可编程通用定时器的主要部分是一个 16 位计数器和与其相关的自动装载寄存器。这个计数器可以向上计数、向下计数或向上/向下双向计数。此计数器时钟由预分频器分频得到。计数器、自动装载寄存器和预分频器寄存器可以由软件读写，在计数器运行时仍可以读写。时基单元包含计数器寄存器（TIMx_CNT）、预分频器寄存器（TIMx_PSC）和自动装载寄存器（TIMx_ARR）。

预分频器可以将计数器的时钟频率按 1～65 536 之间的任意值分频。它是基于一个在 TIMx_PSC 寄存器中的 16 位寄存器控制的 16 位计数器。这个控制寄存器带有缓冲器，它能够在工作时被改变。新的预分频器参数在下一次更新事件到来时被采用。

2. 计数模式

1）向上计数模式

向上计数模式工作过程与基本定时器向上计数模式一致，在向上计数模式中，计数器在时钟 CK_CNT 的驱动下从 0 计数到自动重装载寄存器 TIMx_ARR 的预设值，然后重新从 0 开始计数，并产生一个计数器溢出事件触发中断或 DMA 请求。当发生一个更新事件时，所有的寄存器都被更新，硬件同时设置更新标志位。

2）向下计数模式

通用定时器在向下计数模式中，计数器在时钟 CK_CNT 的驱动下从自动重装载寄存器 TIMx_ARR 的预设值开始向下计数到 0，然后从自动重装载寄存器 TIMx_ARR 的预设值重新开始计数，并产生一个计数器溢出事件触发中断或 DMA 请求。当发生一个更新事件时，所有的寄存器都被更新，硬件同时设置更新标志位。

3）向上/向下计数模式

向上/向下计数模式又称为中央对齐模式或双向计数模式，计数器从 0 开始计数到自动加载的值（TIMx_ARR 寄存器）-1，产生一个计数器溢出事件，然后向下计数到 1 并且产生一个计数器下溢事件,这一过程完成后再从 0 开始重新计数。在这个模式下,不能写入 TIMx_CR1 中的 DIR 方向位,它由硬件更新并指示当前的计数方向。可以在每次计数上溢和每次计数下溢时产生更新事件,触发中断或 DMA 请求。

3．时钟选择

相比基本定时器单一的内部时钟源,STM32F103 系列微控制器的通用定时器的 16 位计数器的时钟源有多种选择。

1)内部时钟 CK_INT

内部时钟 CK_INT 来自 RCC 的 TIMxCLK,根据 STM32F103 系列微控制器的时钟树,通用定时器 TIM2~TIM5 内部时钟 CK_INT 的来源 TIM_CLK 与基本定时器相同,都是来自 APB1 预分频器的输出,通常情况下,其时钟频率是 72MHz。

2)外部输入捕获引脚 TIx(外部时钟模式 1)

外部输入捕获引脚 TIx(外部时钟模式 1)来自外部输入捕获引脚上的边沿信号。计数器可以在选定的输入端(引脚 1 为 TIFP1 或 TIlF_ED,引脚 2 为 TI2FP2)的每个上升沿或下降沿计数。

3)外部触发输入 ETR(外部时钟模式 2)

外部触发输入 ETR(外部时钟模式 2)来自引脚 TIMx_ETR。计数器能在外部触发输入 ETR 的每个上升沿或下降沿计数。

4)内部触发器输入 ITRx

内部触发输入 ITRx 来自芯片内部其他定时器的触发输入,使用一个定时器作为另一个定时器的预分频器,如可以配置 TIM1 作为 TIM2 的预分频器。

4．捕获/比较通道

每一个捕获/比较通道都围绕着一个捕获/比较寄存器(包含影子寄存器),包括捕获的输入部分(数字滤波、多路复用和预分频器)和输出部分(比较器和输出控制)。输入部分对相应的 TIx 输入信号采样,并产生一个滤波后的信号 TIxF。然后,一个带极性选择的边缘检测器产生一个信号(TIxFPx),它可以作为从模式控制器的输入触发信号或作为捕获控制信号。该信号通过预分频进入捕获寄存器(ICxPS)。输出部分产生一个中间波形 OCxRef(高有效)作为基准,链的末端决定最终输出信号的极性。

7.3.4　通用定时器的工作模式

1．输入捕获模式

在输入捕获模式下,当检测到 ICx 信号上相应的边沿后,计数器的当前值被锁存到捕获/比较寄存器(TIMx CCRx)中。当捕获事件发生时,相应的 CCxIF 标志(TIMx_SR 寄存器)被置为 1,如果使能了中断或 DMA 操作,则将产生中断或 DMA 操作。如果捕获事件发生时 CCxIF 标志已经为高,那么重复捕获标志 CCxOF(TIMx_SR 寄存器)被置为 1。写 CCxIF = 0 可清除 CCxIF,或读取存储在 TIMx_CCRx 寄存器中的捕获数据也可清除 CCxIF。写 CCxOF = 0 可清除 CCxOF。

2．PWM 输入模式

该模式是输入捕获模式的一个特例,除了下列区别,操作与输入捕获模式相同。

（1）两个 ICx 信号被映射至同一个 TIx 输入。

（2）这两个 ICx 信号为边沿有效，但是极性相反。

（3）其中一个 TIxFP 信号被作为触发输入信号，而从模式控制器被配置成复位模式。

例如，需要测量输入 TI1 上的 PWM 信号的长度（TIMx_CCR1 寄存器）和占空比（TIMx_CCR2 寄存器），具体步骤如下（取决于 CK_INT 的频率和预分频器的值）。

① 选择 TIMx_CCR1 的有效输入：置 TIMx_CCMR1 寄存器的 CC1S=01（选择 TI1）。

② 选择 TI1FP1 的有效极性（用来捕获数据到 TIMx_CCR1 中和清除计数器）：置 CC1P=0（上升沿有效）。

③ 选择 TIMx_CCR2 的有效输入：置 TIMx_CCMR1 寄存器的 CC2S=10（选择 TI1）。

④ 选择 TI1FP2 的有效极性（捕获数据到 TIMx_CCR2）：置 CC2P=1（下降沿有效）。

⑤ 选择有效的触发输入信号：置 TIMx_SMCR 寄存器中的 TS=101（选择 TI1FP1）。

⑥ 配置从模式控制器为复位模式：置 TIMx_SMCR 中的 SMS=100。

⑦ 使能捕获：置 TIMx_CCER 寄存器中 CC1E=1 且 CC2E=1。

3．强制输出模式

在输出模式（TIMx_CCMRx 寄存器中 CCxS=00）下，通用定时器输出比较信号（OCxREF 和相应的 OCx）能够直接被软件强制为有效或无效状态，而不依赖输出比较寄存器和计数器间的比较结果。置 TIMx_CCMRx 寄存器中相应的 OCxM=101，即可强制设置输出比较信号（OCxREF/OCx）为有效状态。这样 OCxREF 被强制设置为高电平（OCxREF 始终为高电平有效），同时 OCx 得到 CCxP 极性位相反的值。

例如，CCxP=0（OCx 高电平有效），则 OCx 被强制设置为高电平。置 TIMx_CCMRx 寄存器中的 OCxM=100，可强制设置 OCxREF 信号为低电平。该模式下，在 TIMx_CCRx 影子寄存器和计数器之间的比较仍然在进行，相应的标志也会被修改，因此仍然会产生相应的中断和 DMA 请求。

4．输出比较模式

输出比较模式用来控制一个输出波形，或者指示一段给定的时间已经到时。

当计数器与捕获/比较寄存器的内容相同时，输出比较功能做如下操作。

（1）将输出比较模式（TIMx_CCMRx 寄存器中的 OCxM 位）和输出极性（TIMx_CCER 寄存器中的 CCxP 位）定义的值输出到对应的引脚上。在比较匹配时，输出引脚可以保持电平（OCxM=000）、被设置成有效电平（OCxM=001）、被设置成无效电平（OCxM=010）或进行翻转（OCxM=011）。

（2）设置中断状态寄存器中的标志位（TIMx_SR 寄存器中的 CCxIF 位）。

（3）若设置了相应的中断屏蔽（TIMx_DIER 寄存器中的 CCxIE 位），则产生一个中断。

（4）若设置了相应的使能位（TIMx_DIER 寄存器中的 CCxDE 位，TIMx_CR2 寄存器中的 CCDS 位选择 DMA 请求功能），则产生一个 DMA 请求。

输出比较模式的配置步骤如下。

（1）选择计数器时钟（内部、外部、预分频器）。

（2）将相应的数据写入 TIMx_ARR 和 TIMx_CCRx 寄存器中。

（3）如果要产生一个中断请求和（或）一个 DMA 请求，设置 CCxIE 位和/或 CCxDE 位。

（4）选择输出模式，如当计数器 CNT 与 CCRx 匹配时翻转 OCx 的输出引脚，CCRx 预装载未用，开启 OCx 输出且高电平有效，则必须设置 OCxM = '011'、OCxPE = '0'、CCxP = '0'和 CCxE = '1'。

（5）设置 TIMx_CR1 寄存器的 CEN 位来启动计数器。

TIMx_CCRx 寄存器能够在任何时候都通过软件进行更新以控制输出波形，条件是未使用预装载寄存器（OCxPE = '0'，否则 TIMx_CCRx 影子寄存器只能在发生下一次更新事件时被更新）。

5. PWM 输出模式

PWM 输出模式是一种特殊的输出模式，在电力、电子和电机控制领域得到广泛应用。

1）PWM 简介

PWM 是 Pulse Width Modulation 的缩写，中文意思就是脉冲宽度调制，简称脉宽调制。它是利用微处理器的数字输出来对模拟电路进行控制的一种非常有效的技术，其因具有控制简单、灵活和动态响应好等优点而成为电力和电子技术最广泛应用的控制方式，其应用领域包括测量、通信、功率控制与变换、电动机控制、伺服控制、调光、开关电源，甚至某些音频放大器上也有应用，因此研究基于 PWM 技术的正负脉宽数控调制信号发生器具有十分重要的现实意义。

PWM 可以对模拟信号电平进行数字编码。通过高分辨率计数器的使用，方波的占空比被调制用来对一个具体模拟信号的电平进行编码。PWM 信号仍然是数字的，因为在给定的任何时刻，满幅值的直流供电要么完全有（ON），要么完全无（OFF）。电压或电流源是以一种通（ON）或断（OFF）的重复脉冲序列被加到模拟负载上的，通的时候即直流供电被加到负载上的时候，断的时候即供电被断开的时候。只要带宽足够，任何模拟值都可以使用 PWM 进行编码。

2）PWM 实现

目前，在运动控制系统或电动机控制系统中实现 PWM 的方法主要有传统的数字电路、微控制器普通 I/O 模拟和微控制器的 PWM 直接输出等。

（1）传统的数字电路方式：用传统的数字电路实现 PWM（如 555 定时器），电路设计较复杂，体积大，抗干扰能力差，系统的研发周期较长。

（2）微控制器普通 I/O 模拟方式：对于微控制器中无 PWM 输出功能的情况（如 51 单片机），可以通过 CPU 操控普通 I/O 口来实现 PWM 输出。但这样实现 PWM 将消耗大量的时间，大大降低了 CPU 的效率，而且得到的 PWM 的信号精度不太高。

（3）微控制器的 PWM 直接输出方式：对于具有 PWM 输出功能的微控制器，在进行简单的配置后即可在微控制器的指定引脚上输出 PWM 脉冲，这也是目前使用最多的 PWM 实现方式。

STM32F103 系列微控制器就具有 PWM 输出功能，除了基本定时器 TIM6 和 TIM7，其他的定时器都可以用来产生 PWM 输出。其中高级定时器 TIM1 和 TIM8 可以同时产生多达 7 路的 PWM 输出，而通用定时器也能同时产生多达 4 路的 PWM 输出，STM32F103 系列微控制器最多可以同时产生 30 路 PWM 输出。

3）PWM 输出模式的工作过程

STM32F103 系列微控制器的 PWM 输出模式可以产生一个由 TIMx_ARR 寄存器确定频率并由 TIMx_CCRx 寄存器确定占空比的信号，STM32F103 系列微控制器的 PWM 产生原理如图 7-2 所示。

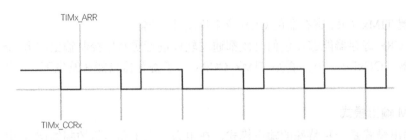

图 7-2　STM32F103 系列微控制器的 PWM 产生原理

通用定时器 PWM 输出模式的工作过程如下。

（1）若配置脉冲计数器 TIMx_CNT 为向上计数模式，自动重装载寄存器 TIMx_ARR 的预设为 N，则脉冲计数器 TIMx_CNT 的当前计数值 X 在时钟 CK_CNT（通常由 TIMxCLK 经 TIMx_PSC 分频而得）的驱动下从 0 开始不断累加计数。

（2）在脉冲计数器 TIMx_CNT 随着时钟 CK_CNT 触发进行累加计数的同时，脉冲计数器 TIMx_CNT 的当前计数值 X 与捕获/比较寄存器 TIMx_CCR 的预设值 A 进行比较；如果 $X<A$，输出高电平（或低电平）；如果 $X \geqslant A$，输出低电平（或高电平）。

（3）当脉冲计数器 TIMx_CNT 的计数值 X 大于自动重装载寄存器 TIMx_ARR 的预设值 N 时，脉冲计数器 TIMx_CNT 的计数值清零并重新开始计数。如此循环往复，得到的 PWM 的输出信号周期为 $(N+1) \times$ TCK_CNT，其中 N 为自动重装载寄存器 TIMx_ARR 的预设值，TCK_CNT 为时钟 CK_CNT 的周期。PWM 输出信号脉冲宽度为 $A \times$ TCK_CNT，其中 A 为捕获/比较寄存器 TIMx_CCR 的预设值，TCK_CNT 为时钟 CK_CNT 的周期。PWM 输出信号的占空比为 $A/(N+1)$。

下面举例具体说明。当通用定时器被设置为向上计数时，自动重装载寄存器 TIMx_ARR 的预设值为 8，4 个捕获/比较寄存器 TIMx_CCRx 分别设为 0、4、8 和大于 8 时，用定时器的 4 个 PWM 通道输出时序 OCxREF 和触发中断时序 CCxIF。向上计数模式 PWM 输出时序图如图 7-3 所示。这时在 TIMx_CCR=4 的情况下，当 TIMx_CNT<4 时，OCxREF 输出高电平；当 TIMx_CNT≥4 时，OCxREF 输出低电平，并在比较结果改变时触发 CCxIF 中断标志。此 PWM 的占空比为 4/（8+1）。

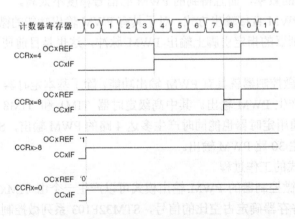

图 7-3　向上计数模式 PWM 输出时序图

7.4 高级定时器

7.4.1 高级定时器概要

高级定时器（TIM1 和 TIM8）由一个 16 位的自动装载计数器组成，它由一个可编程的预分频器驱动，适合多种用途，包含测量输入信号的脉冲宽度（输入捕获），或者产生输出波形（输出比较、PWM、嵌入死区时间的互补 PWM 等）。使用定时器预分频器和 RCC 时钟控制预分频器，可以实现脉冲宽度和波形周期从几微秒到几毫秒的调节。高级定时器（TIM 和 TIM8）和通用定时器（TIMx）是完全独立的，它们不共享任何资源，可以同步操作。

7.4.2 高级定时器主要特性介绍

TIM1 和 TIM8 定时器的功能特性主要包括以下几点。

（1）16 位向上、向下、向上/下自动装载计数器。

（2）16 位可编程（可以实时修改）预分频器，计数器时钟频率的分频系数为 1～65 536 之间的任意数值。

（3）多达 4 个独立通道：输入捕获、输出比较、PWM 生成（边缘或中间对齐模式）、单脉冲模式输出。

（4）死区时间可编程的互补输出。

（5）使用外部信号控制定时器和与定时器互联的同步电路。

（6）允许在指定数目的计数器周期之后更新定时器寄存器的重复计数器。

（7）刹车输入信号可以将定时器输出信号置于复位状态或一个已知状态。

（8）如下事件发生时会产生中断/DMA。

    ① 更新：计数器向上溢出/向下溢出，计数器初始化。

    ② 触发事件（计数器启动、停止、初始化或由内部/外部触发计数）。

    ③ 输入捕获。

    ④ 输出比较。

    ⑤ 刹车信号输入。

（9）支持针对定位的增量（正交）编码器和霍尔传感器电路。

（10）触发输入作为外部时钟或按周期的电流管理。

7.4.3 高级定时器结构

STM32F103 系列微控制器的高级定时器的内部结构要比通用定时器复杂一些，但其核心仍然与基本定时器、通用定时器相同，是一个由可编程的预分频器驱动的、具有自动重装载功能的 16 位计数器。与通用定时器相比，STM32F103 系列微控制器的高级定时器主要多了 BRK 和 DTG 两个结构，因而具有了死区时间的控制功能。

如需了解详情，可以查阅 STM32F103 系列微控制器的参考手册。

7.5 定时器相关的 HAL 驱动

7.5.1 定时器主要函数

定时器相关的 HAL 驱动文件主要在文件 stm32f1xx_hal_tim.h 和 stm32f1xx_hal_tim.c 中。定时器相关的 HAL 函数/驱动如表 7-2 所示。

表 7-2 定时器相关的 HAL 函数/驱动

函数/驱动	说　明
HAL_TIM_Base_Init( )	定时器初始化，设置各种参数和连续定时模式
HAL_TIM_Base_MspInit( )	MSP 弱函数，在 HAL_TIM_Base_Init( )中被调用，重新实现的这一函数一般用于定时器时钟使能和中断配置
HAL_TIM_Base_Start( )	以轮询工作方式启动定时器，不会产生中断
HAL_TIM_Base_Stop( )	停止轮询工作方式的定时器
HAL_TIM_Base_Start_IT( )	以中断工作方式启动定时器，发生更新事件，产生中断
HAL_TIM_Base_Stop_IT( )	停止中断工作方式的定时器
HAL_TIM_PWM_Init( )	生成 PWM 波的配置初始化，需要先执行 HAL_TIM_Base_Init( )进行定时器初始化
HAL_TIM_PWM_MspInit( )	MSP 弱函数，在 HAL_TIM_PWM_Init( )中被调用
HAL_TIM_PWM_ConfigChannel( )	配置 PWM 输出通道
HAL_TIM_PWM_Start( )	启动生成 PWM 波，需要先执行 HAL_TIM_Base_Start( )启动定时器
HAL_TIM_PWM_Stop( )	停止生成 PWM 波
HAL_TIM_PWM_Start_IT( )	以中断方式启动生成 PWM 波，需要先执行 HAL_TIM_Base_Start_IT( )启动定时器
HAL_TIM_PWM_Stop_IT( )	停止生成 PWM 波
HAL_TIM_PWM_PulseFinishedCallback( )	当计数器的值等于 CCR 的值时，产生输出比较事件，这是对应的回调函数

1. 定时器初始化

函数 HAL_TIM_Base_Init( )对定时器的工作模式和参数进行初始化配置，其原型定义如下：

```
HAL_StatusTypeDef HAL_TIM_Base_Init(TIM_HandleTypeDef *htim);
```

其中，参数 htim 是定时器外设对象指针，其定义如下，各成员变量的意义见注释。

```
typedef struct
{
    TIM_TypeDef *Instance;              //定时器的寄存器基址
    TIM_Base_InitTypeDef Init;          //定时器参数
    HAL_TIM_ActiveChannel Channel;      //当前通道
    DMA_HandleTypeDef  *hdma[7];        //DMA 处理相关数组
    HAL_LockTypeDef Lock;               //是否锁定
    __IO HAL_TIM_StateTypeDef State;    //定时器的工作状态
} TIM_HandleTypeDef;
```

其中，Instance 是定时器的寄存器基址，用于表示具体是哪个定时器；Init 是定时器的各种参数，是一个结构体类型 TIM_Base_InitTypeDef，这个结构体的定义如下：

```
typedef struct
{
    uint32_t Prescaler;                      //预分频系数
    uint32_t CounterMode;                    //计数模式，递增、递减、递增/递减
    uint32_t Period;                         //计数周期
    uint32_t ClockDivision;                  //内部时钟分频，基本定时器无此参数
    uint32_t RepetitionCounter;              //重复计数器值，用于 PWM 模式
    uint32_t AutoReloadPreload;              //是否开启寄存器 TIMx_ARR 的缓存功能
} TIM_Base_InitTypeDef;
```

要初始化定时器，一般是先定义一个 TIM_HandleTypeDef 类型的变量表示定时器，对其各成员变量赋值，然后调用函数 HAL_TIM_Base_Init( )进行初始化。定时器的初始化可以在 CubeMX 软件里可视化完成，该软件会自动生成初始化函数代码。

函数 HAL_TIM_Base_Init( )会调用 MSP 函数 HAL_TIM_Base_MspInit( )，这是一个弱函数，在 CubeMX 软件生成的定时器初始化代码中会重新实现这个函数，用于开启定时器的时钟，设置定时器的中断优先级。

2．启动和停止定时器

定时器有 3 种启动和停止方式，具体如下。

1）轮询方式

以函数 HAL_TIM_Base_Start( )启动定时器后，定时器会开始计数，计数溢出时产生更新事件标志，但是不会触发中断。用户需要在编写的程序中不断查询计数值或更新事件标志来判断是否发生了计数溢出。

2）中断方式

以函数 HAL_TIM_Base_Start_IT( )启动定时器后，定时器会开始计数，计数溢出时会产生更新事件，并触发中断，用户在中断服务程序里进行处理即可。这是定时器最常用的处理方式。

3）DMA 方式

以函数 HAL_TIM_Base_Start_DMA( )启动定时器后，定时器会开始计数，计数溢出时会产生更新事件，并产生 DMA 请求。DMA 一般用于需要进行高速数据传输的场合，定时器一般情况下不用 DMA 功能。

在实际应用中，使用定时器的周期性连续定时功能时，一般使用中断方式。函数 HAL_TIM_Base_Start_IT( )的原型定义如下：

```
HAL_StatusTypeDef HAL_TIM_Base_Start_IT(TIM_HandleTypeDef *htim)
```

其中，参数 htim 是定时器对象指针。轮询与用 DMA 方式启动和停止的定时器的函数参数与此相同。

7.5.2 其他通用操作函数

定时器操作部分通用函数/驱动如表 7-3 所示。

表 7-3　定时器操作部分通用函数/驱动

函数/驱动	说　明
__HAL_TIM_ENABLE( )	启用某个定时器，就是将定时器控制器 TIMx_CR1 的 CEN 位置 1
__HAL_TIM_DISABLE( )	禁用某个定时器
__HAL_TIM_GET_COUNTER( )	在运行时读取定时器的当前计数值，就是读取 TIMx_CNT 寄存器的值
__HAL_TIM_SET_COUNTER( )	在运行时设置定时器的计数值，就是设置 TIMx_CNT 寄存器的值
__HAL_TIM_GET_AUTORELOAD( )	在运行时读取自动重载寄存器 TIMx_ARR 的值
__HAL_TIM_SET_AUTORELOAD( )	在运行时设置自动重载寄存器 TIMx_ARR 的值，并改变定时周期
__HAL_TIM_SET_PRESCALER( )	在运行时设置预分频系数，就是设置预分频寄存器 TIMx_PSC 的值

表 7-3 所列的函数定义在文件 stm32f1xx_hal_tim.h 中，这些函数都是宏函数，直接操作寄存器，所以主要用于在定时器运行时直接读取或修改某些寄存器的值，如修改定时周期、重新设置预分频系数等。

这些函数都需要一个定时器对象指针作为参数，如启动定时器的函数定义如下：

```
#define    __HAL_TIM_ENABLE(__HANDLE__)    ((__HANDLE__)->Instance->CR1|=(TIM_CR1_CEN))
```

其中参数 __HANDLE__ 是表示定时器对象的指针，即 TIM_HandleTypeDef 类型的指针。此函数的功能就是将定时器 TIMx_CR1 寄存器的 CEN 位置 1。这个函数的使用举例代码如下：

```
TIM_HandleTypeDef    htim3;
__HAL_TIM_ENABLE(&htim3);
```

7.5.3　中断处理

定时器中断处理相关函数/驱动如表 7-4 所示。

表 7-4　定时器中断处理相关函数/驱动

函数/驱动	说　明
__HAL_TIM_ENABLE_IT( )	启用某个事件的中断，就是将中断使能寄存器 TIMx_DIER 中的相应事件位置 1
__HAL_TIM_DISABLE_IT( )	禁用某个事件的中断，就是将中断使能寄存器 TIMx_DIER 中的相应事件位置 0
__HAL_TIM_GET_FLAG( )	判断某个中断事件源的中断挂起标志位是否被置位，就是读取状态寄存器 TIMx_SR 中相应的中断事件位是否置 1，返回值为 TRUE 或 FALSE
__HAL_TIM_CLEAR_FLAG( )	清除某个中断事件源的中断挂起标志位，就是将状态寄存器 TIMx_SR 中相应的中断事件位清 0
__HAL_TIM_CLEAR_IT( )	与 __HAL_TIM_CLEAR_FLAG( )功能相同
__HAL_TIM_GET_IT_SOURCE( )	查询是否允许某个中断事件源产生中断，就是检查中断使能寄存器 TIMx_DIER 中相应事件位是否置 1，返回值为 SET 或 RESET
HAL_TIM_IRQHandler( )	定时器中断的中断服务程序（ISR）里调用的定时器中断通用处理函数
HAL_TIM_PeriodElapsedCallback( )	弱函数，更新事件中断的回调函数

每个定时器都只有一个中断号，也就只有一个 ISR。基础定时器只有一个中断事件源，即更新事件，但是通用定时器和高级控制定时器有多个中断事件源。在定时器的 HAL 驱动程序中，每一种中断事件对应一个回调函数，HAL 驱动程序会自动判断中断事件源，清除中断事件挂起标志位，然后调用相应的回调函数。

在文件 stm32f1xx_hal_tim.h 中定义了表示定时器中断事件类型的宏，宏定义如下：

```
#define TIM_IT_UPDATE    TIM_DIER_UIE      //更新中断
#define TIM_IT_CC1       TIM_DIER_CC1IE    //捕获/比较 1 中断
#define TIM_IT_CC2       TIM_DIER_CC2IE    //捕获/比较 2 中断
#define TIM_IT_CC3       TIM_DIER_CC3IE    //捕获/比较 3 中断
#define TIM_IT_CC4       TIM_DIER_CC4IE    //捕获/比较 4 中断
#define TIM_IT_COM       TIM_DIER_COMIE    //换相中断
#define TIM_IT_TRIGGER   TIM_DIER_TIE      //触发中断
#define TIM_IT_BREAK     TIM_DIER_BIE      //断路中断
```

这些宏定义实际上是定时器的中断使能寄存器（TIMx_DIER）中相应位的掩码。基础定时器只有一个中断事件源，即 TIM_IT_UPDATE，其他中断事件源是通用定时器或高级定时器才有的。

表 7-4 中的一些宏函数需要以中断事件类型作为输入参数，就是用以上的中断事件类型的宏定义。例如，函数__HAL_TIM_ENABLE_IT( )的功能是开启某个中断事件源，即在发生这个事件时允许产生定时器中断，否则只是发生事件而不会产生中断。该函数的定义如下：

```
#define __HAL_TIM_ENABLE_IT(__HANDLE__, __INTERRUPT__) ((__HANDLE__)->Instance->DIER |=
(__INTERRUPT__))
```

其中，参数__HANDLE__是定时器对象指针，__INTERRUPT__是某个中断类型的宏定义。这个函数的功能就是将中断使能寄存器（TIMx_DIER）中对应中断事件__INTERRUPT__的位置 1，从而开启该中断事件源。

接下来介绍定时器中断处理流程，每个定时器都只有一个中断号，也就是只有一个 ISR。CubeMX 软件生成代码时，会在文件 stm32f1xx_it.c 中生成定时器中断服务程序的代码框架。例如，定时器 3 的 ISR 代码如下：

```
void TIM3_IRQHandler(void)
{
  /* USER CODE BEGIN TIM3_IRQn 0 */

  /* USER CODE END TIM3_IRQn 0 */
  HAL_TIM_IRQHandler(&htim3);
  /* USER CODE BEGIN TIM3_IRQn 1 */

  /* USER CODE END TIM3_IRQn 1 */
}
```

所有定时器的 ISR 代码与此类似，均调用函数 HAL_TIM_IRQHandler( )，只是传递了各自的定时器对象指针。这与 EXTI 中断的 ISR 的处理方式类似。

因此，函数 HAL_TIM_IRQHandler( )是定时器中断通用处理函数。这个函数的功能就是判断中断事件源、清除中断挂起标志位、调用相应的回调函数。例如，这个函数里判断中断事件是否是更新事件的代码如下：

```
//事件的中断标志位是否置位
if (__HAL_TIM_GET_FLAG(htim, TIM_FLAG_UPDATE) != RESET)
{
    //事件的中断是否已开启
```

```
if (__HAL_TIM_GET_IT_SOURCE(htim, TIM_IT_UPDATE) != RESET)
{
    __HAL_TIM_CLEAR_IT(htim, TIM_IT_UPDATE);  //清除中断挂起标志位
    HAL_TIM_PeriodElapsedCallback(htim);      //执行事件的中断回调函数
}
}
```

可以看到，它先调用函数__HAL_TIM_GET_FLAG()判断更新事件的中断挂起标志位是否被置位，再调用函数__HAL_TIM_GET_IT_SOURCE()判断是否已开启了更新事件源中断。如果这两个条件都成立，说明发生了更新事件中断，就调用函数__HAL_TIM_CLEAR_IT()清除更新事件件的中断挂起标志位，再调用更新事件中断对应的回调函数 HAL_TIM_PeriodElapsedCallback()。

因此，用户要做的就是重新实现回调函数 HAL_TIM_PeriodElapsedCallback()，在定时器发生更新事件中断时做相应的处理。判断中断是否发生、清除中断挂起标志位等操作都由 HAL 库函数完成了。这极大简化了中断处理的复杂度，特别是在一个中断号有多个中断事件源时。

7.5.4　外设的中断处理小结

第 6 章介绍了外部中断处理的相关函数和流程，本章又介绍了定时器中断处理的相关函数和流程，从中可以发现外设的中断处理所涉及的一些概念、寄存器和常用的 HAL 函数。大家在今后学习其他外设的时候，也要多总结多思考，总结相同的地方、理解差异所在。真正做到举一反三、触类旁通。

每一种外设的 HAL 驱动程序头文件中都定义了一些以"__HAL"开头的宏函数，这些宏函数直接操作寄存器，几乎每一种外设都有表 7-5 所示的一般外设的宏函数及其作用中的宏函数。这些函数大体分为 3 种类型，操作 3 种不同的寄存器。一般的外设都有这样 3 种类型的寄存器，当然也有将功能合并在一起的寄存器，因此这里的 3 种类型寄存器是概念上的。在表 7-5 中，用"XXX"表示某种外设。

表 7-5　一般外设的宏函数及其作用

寄 存 器	宏 函 数	功 能 描 述	示 例 函 数
控制寄存器	__HAL_XXX_ENABLE()	启用某个外设 XXX	__HAL_TIM_ENABLE()
	__HAL_XXX_DISABLE()	禁用某个外设 XXX	__HAL_TIM_DISABLE()
中断使能寄存器	__HAL_XXX_ENABLE_IT()	允许某个事件触发硬件中断	__HAL_TIM_ENABLE_IT()
	__HAL_XXX_DISABLE_IT()	禁止某个事件触发硬件中断	__HAL_TIM_DISABLE_IT()
	__HAL_XXX_GET_IT_SOURCE()	判断某个事件的中断是否开启，返回值为 SET 或 RESET	__HAL_TIM_GET_IT_SOURCE()
状态寄存器	__HAL_XXX_GET_FLAG()	判断某个事件的挂起标志位是否被置位	__HAL_TIM_GET_FLAG()
	__HAL_XXX_CLEAR_FLAG()	清除某个事件的挂起标志位	__HAL_TIM_CLEAR_FLAG()
	__HAL_XXX_CLEAR_IT()	与__HAL_XXX_CLEAR_FLAG() 功能相同	__HAL_TIM_CLEAR_IT()

外设控制寄存器中有用于控制外设使能或禁止的位，通过函数__HAL_XXX_ENABLE( )启用外设，用函数__HAL_XXX_DISABLE( )禁止外设。一个外设被禁用后就停止工作了，也就不会产生中断了。例如，定时器 TIM3 的控制寄存器 TIM3_CR1 中的 CEN 位就是控制 TIM3是否工作的位。通过函数__HAL_TIM_ENABLE( )和函数__HAL_TIM_DISABLE( )就可以操作这个位，从而启用或停止定时器 TIM3。

NVIC 管理硬件中断，一个外设一般有一个中断号，称为外设的全局中断。一个中断号对应一个中断服务程序，发生硬件中断时自动执行中断的 ISR。NVIC 管理中断的相关函数见第6 章 6.3 节，主要功能包括启用或禁用硬件中断，设置中断优先级等。使用函数HAL_NVIC_EnableIRQ( )启用一个硬件中断，启用外设的中断且启用外设后，发生中断事件时才会触发硬件中断。使用函数 HAL_NVIC_DisableIRQ( )禁用一个硬件中断，禁用硬件中断后，即使发生事件，也不会触发中断的中断服务程序。

外设的一个硬件中断号可能有多个中断事件源，如通用定时器的硬件中断就有多个中断事件源。外设有一个中断使能控制寄存器，用于控制每个事件发生时是否触发硬件中断。一般情况下，每个中断事件源在中断使能寄存器中都有一个对应的事件中断使能控制位。

例如，定时器 TIM3 的中断使能寄存器 TIM3_DIER 的 UIE 位是更新事件的中断使能控制位。如果 UIE 位置 1，定时溢出时产生更新事件会触发定时器 TIM3 的硬件中断，执行硬件中断的中断服务程序。如果 UIE 位置 0，定时溢出时仍会产生更新事件，但不会触发定时器TIM3 的硬件中断，也就不会执行硬件中断的中断服务程序。

函数__HAL_XXX_ENABLE_IT( )和函数__HAL_XXX_DISABLE_IT( )用于将中断使能寄存器中的事件中断使能控制位置位或复位，从而允许或禁止某个事件源产生硬件中断。

函数__HAL_XXX_GET_IT_SOURCE( )用于判断中断使能寄存器中某个事件使能控制位是否被置位，也就是判断这个事件源是否被允许产生硬件中断。

状态寄存器中有表示事件是否发生的事件更新标志位，当事件发生时，标志位被硬件置1，需要在代码中主动清零。例如，定时器 TIM3 的状态寄存器 TIM3_SR 中有一个 UIF 位，当定时溢出发生更新事件时，UIF 位被硬件置 1。需要注意的是，即使外设的某个中断使能寄存器中某个事件的中断使能控制位被置 0，事件发生时也会使状态寄存器中的事件更新标志位置 1，只是不会产生硬件中断。如果在中断使能寄存器中允许事件产生硬件中断，事件发生时，状态寄存器中的事件更新标志位会被硬件置 1，并且触发硬件中断，系统会执行硬件中断的中断服务程序。因此，一般将状态寄存器中的事件更新标志位称为事件中断标志位，在响应完事件中断后，用户须在代码中手动将事件中断标志位清零。

CubeMX 软件为每个启用的硬件中断号生成中断服务程序（ISR）代码框架，ISR 调用 HAL库中外设的中断处理通用函数，如定时器的中断处理通用函数是函数 HAL_TIM_IRQHandler( )。在中断处理通用函数中，再判断引发中断的事件源、清除事件的中断标志位、调用事件处理回调函数。

当一个外设的硬件中断有多个中断事件源时，主要的中断事件源一般对应一个中断处理回调函数。若用户需要对某个中断事件进行处理，只需要重新实现对应的回调函数就可以了。需要注意的是，不一定外设的所有中断事件源都有对应的回调函数，如 USART 接口的某些中断事件源就没有对应的回调函数。另外，HAL 库中的回调函数也不全是用于中断处理的，也有一些其他用途的回调函数。

7.6 定时器功能实例

7.6.1 LED 灯定时翻转

至此，本书已经讲解了如何点亮、熄灭、翻转 LED 灯，本次实例，要求 LED1、LED2、LED3、LED4 为 A 组，LED5、LED6、LED7、LED8 为 B 组。上电后，LED1 至 LED8 均为熄灭状态，然后 A 组和 B 组的 LED 灯交替闪烁，每次点亮时间为 0.5s，每次熄灭时间为 0.5s，如此反复。

根据前面章节学习的内容，配置 LED1 至 LED8 的引脚，配置时钟源、工程参数等。

使用定时器的定时功能，首先看一下要求，这里要求每 0.5s 改变一次 LED 灯组的亮灭状态，也就是说如果有一个定时器的定时时间为 0.5s，那么每次定时时间到（计数值溢出），程序中相应改变一次 LED 灯组状态即可。

接下来的问题是如何使用一个定时器进行设置。若定时时间为 0.5s，首先选定一个定时器，这里以定时器 TIM3 为例，使用 CubeMX 软件对定时器 TIM3 进行相应配置。

在"Pinout & Configuration"标签页下的"Categories"中，单击第三行"Timers"，在展开的项目中，找到"TIM3"，单击进入。定时器选择如图 7-4 所示。

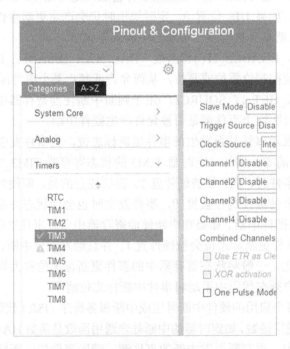

图 7-4 定时器选择

在定时器 TIM3 的配置界面最上方的"Mode"配置中，找到"Clock Source"，在其下拉选项中选择"Internal Clock"之后，在下方的"Configuration"界面中，根据本书例程要求，按照图 7-5 定时器 TIM3 参数配置界面中的参数进行配置。

（1）"Prescaler"设置为"7 200-1"。

（2）"Counter Mode"设置为"Up"。

（3）"Counter Period"设置为"4 999"。

（4）"Internal Clock Division"设置为"No Division"。

（5）"auto-reload preload"设置为"Disable"。

（6）"Master/Slave Mode"设置为"Disable"。

（7）"Trigger Event Selection"设置为"Update Event"。

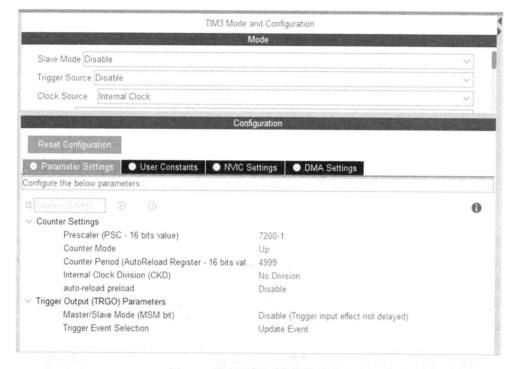

图 7-5　定时器 TIM3 参数配置界面

本章 7.2.3 节中计算延时（定时）时间的公式为：

$$延时时间 = （TIMx\_ARR+1）\times （TIMx\_PSC+1）/ TIMxCLK$$

根据本书的时钟配置，定时器 TIM3 的时钟频率为 72MHz，即 TIMxCLK=72 000 000Hz。

"Prescaler"配置为 7 200-1，即 TIMx_PSC=7 200-1。

"Counter Mode"设置为 Up，即向上计数模式。

"Counter Period"设置为 4 999（5 000-1），即 TIMx_ARR=4 999。

"Trigger Event Selection"设置为"Update Event"，即主模式下触发输出信号（TRGO）信号源选择，就是设置寄存器 TIM3_CR2 的 MMS[2:0]位，这里有三种选项：Reset，使用定时器复位信号作为 TRGO 输出；Enable，使用定时器的使能信号作为 TRGO 输出；Update Event，使用定时器的更新事件信号作为 TRGO 输出。

根据延时时间及设置的参数，可计算出延时时间为：

$$（4 999+1）\times （7 199+1）/ 72 000 000 = 0.5$$

根据以上配置，定时器 TIM3 的定时时间设置为 0.5s。

现在将定时器 TIM3 的中断打开并进行配置，中断及优先级参数配置如图 7-6 所示。

在"Pinout & Configuration"标签页下的"Categories"中，单击第一行中的"System Core"，在展开的项目中，找到"NVIC"，单击进入。

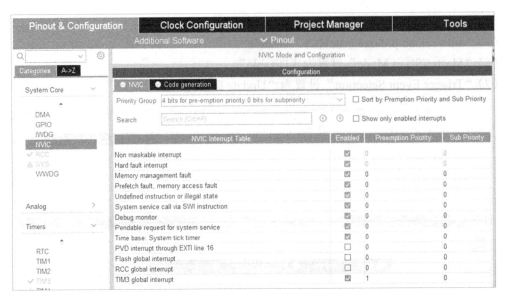

图 7-6   中断及优先级参数配置

根据实际情况选择优先级分组，并使能定时器 TIM3 的中断，设置定时器 TIM3 中断的抢占优先级和响应优先级。在图 7-6 中，将定时器 TIM3 中断的抢占优先级设置为 1，响应优先级设置为 0。

至此，在 CubeMX 软件中，定时器 TIM3 的配置已完成，在工程参数配置中，工程参数设置如图 7-7 和图 7-8 所示，本书后续章节将不再赘述此过程。

图 7-7   工程参数设置（一）

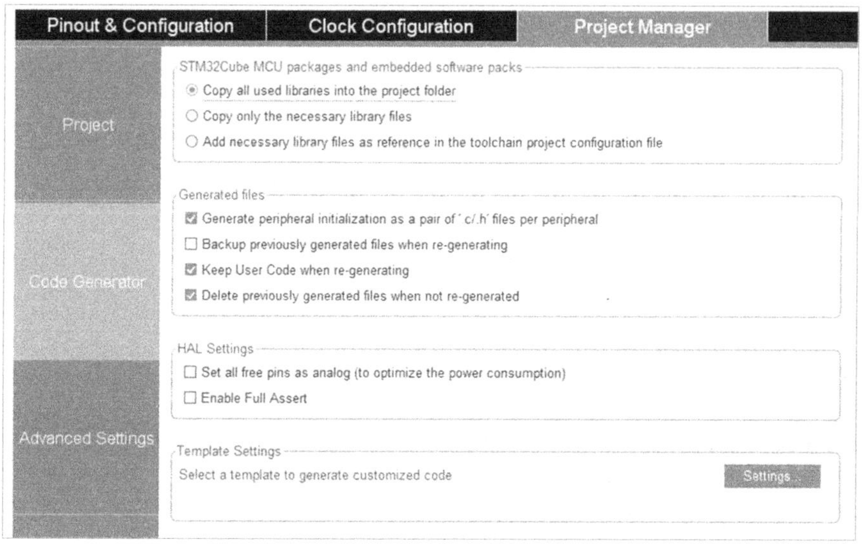

图 7-8 工程参数设置（二）

根据以上配置，定时器每隔 500ms 产生一次计数溢出，也就是产生一次更新事件。如果更新事件的中断使能控制位被置 1，且定时器 TIM3 的全局中断已打开，则定时器 TIM3 每隔 500ms 就会产生一次硬件中断。那么，每产生一次硬件中断，程序就控制 LED 灯组按要求变换一次状态，以实现要求。

7.6.2 项目"LED 灯定时翻转"代码分析

在文件 main.c 中，函数 main( )代码框架如下：

```
int main(void)
{
  HAL_Init();
  SystemClock_Config();

  MX_GPIO_Init();
  MX_TIM3_Init();
  while (1)
  {

  }
}
```

主程序中的 MX_TIM3_Init( )是 CubeMX 软件自动生成的定时器 TIM3 初始化函数。

在工程中，文件 tim.c 和 tim.h 是自动生成的文件，包含了定时器 TIM3 的初始化函数，用户可以在这两个文件中添加与定时器相关的用户功能代码。

文件 tim.h 的内容如下：（此处的代码省略了一些注释）

```
#include "main.h"
extern TIM_HandleTypeDef htim3;


void MX_TIM3_Init(void);
```

文件 tim.c 中的内容（此处的代码省略了部分注释，本书添加了中文注释方便读者理解）
如下：

```c
#include "tim.h"

TIM_HandleTypeDef htim3;              //表示定时器 TIM3 的外设对象变量

void MX_TIM3_Init(void)               //定时器 TIM3 初始化函数
{
  TIM_ClockConfigTypeDef sClockSourceConfig = {0};
  TIM_MasterConfigTypeDef sMasterConfig = {0};

  htim3.Instance = TIM3;              //定时器 TIM3 的寄存器基地址
  htim3.Init.Prescaler = 7200-1;
  htim3.Init.CounterMode = TIM_COUNTERMODE_UP;       //递增计数
  htim3.Init.Period = 4999;                          //计数周期
  htim3.Init.ClockDivision = TIM_CLOCKDIVISION_DIV1;
  htim3.Init.AutoReloadPreload = TIM_AUTORELOAD_PRELOAD_DISABLE;
  if (HAL_TIM_Base_Init(&htim3) != HAL_OK)           //定时器基本初始化
  {
    Error_Handler();
  }
  sClockSourceConfig.ClockSource = TIM_CLOCKSOURCE_INTERNAL;
  if (HAL_TIM_ConfigClockSource(&htim3, &sClockSourceConfig) != HAL_OK)
  {
    Error_Handler();
  }
  sMasterConfig.MasterOutputTrigger = TIM_TRGO_UPDATE;//TRGO 信号源
  sMasterConfig.MasterSlaveMode = TIM_MASTERSLAVEMODE_DISABLE;
  if (HAL_TIMEx_MasterConfigSynchronization(&htim3, &sMasterConfig) != HAL_OK)
  {
    Error_Handler();
  }
}

//函数 HAL_TIM_Base_MspInit( ) 被调用, 用于时钟使能和中断优先级设置
void HAL_TIM_Base_MspInit(TIM_HandleTypeDef* tim_baseHandle)
{
  if(tim_baseHandle->Instance==TIM3)
  {
    __HAL_RCC_TIM3_CLK_ENABLE();                //定时器 TIM3 时钟使能
    HAL_NVIC_SetPriority(TIM3_IRQn, 1, 0);      //设置中断优先级
    HAL_NVIC_EnableIRQ(TIM3_IRQn);              //开启定时器 TIM3 中断
  }
```

```
}

//函数 HAL_TIM_Base_MspDeInit( )省略，无须讲解
void HAL_TIM_Base_MspDeInit(TIM_HandleTypeDef* tim_baseHandle)
{}
```

在以上两个文件中，首先定义了外设对象变量，即在文件 tim.c 中定义了表示定时器 TIM3 的外设对象变量，即

```
TIM_HandleTypeDef htim3;//表示定时器 TIM3 的外设对象变量
```

文件 tim.h 用 extern 关键字声明了这两个变量。

文件 tim.c 中定义了定时器 TIM3 的初始化函数 MX_TIM3_Init( )。该函数在函数 main( ) 中被调用，用于定时器 TIM3 的初始化。

在 stm32f1xx_it.c 中，自动生成了定时器 TIM3 的硬件中断服务程序的代码框架，代码如下：

```
void TIM3_IRQHandler(void)
{
  HAL_TIM_IRQHandler(&htim3);
}
```

这个中断服务程序调用定时器中断通用处理函数 HAL_TIM_IRQHandler( )，这个中断处理函数会判断产生定时器硬件中断的事件源，然后调用对应的回调函数进行处理。

本例中定时器 TIM3 的中断事件源就是计数器溢出时产生的更新事件，对应的回调函数是 HAL_TIM_PeriodElapsedCallback( )，用户需要重新实现这个函数进行中断处理。因此，在文件 tim.c 中，重新实现这个回调函数的重构代码如下：

```
/* USER CODE BEGIN 1 */
uint8_t i=0;
void HAL_TIM_PeriodElapsedCallback(TIM_HandleTypeDef *htim)
{
   if(i)
   {
HAL_GPIO_TogglePin(GPIOE,GPIO_PIN_7|GPIO_PIN_6|GPIO_PIN_5|GPIO_PIN_4);
HAL_GPIO_TogglePin(GPIOE,GPIO_PIN_3|GPIO_PIN_2|GPIO_PIN_1|GPIO_PIN_0);
   }
   else
   {
      i=1;
   HAL_GPIO_WritePin(GPIOE,GPIO_PIN_7|GPIO_PIN_6|GPIO_PIN_5|GPIO_PIN_4,
      GPIO_PIN_RESET);
   }
}
/* USER CODE END 1 */
```

以上代码就可以完成 LED 灯组的交替控制。

最后，如果要启用定时器，别忘了使用函数 HAL_TIM_Base_Start_IT( )。

因此，在函数 main( )中调用此函数启动定时器 TIM3。函数 main( )代码如下：

```
int main(void)
```

```
{
  HAL_Init();
  SystemClock_Config();

  MX_GPIO_Init();
  MX_TIM3_Init();
  /* USER CODE BEGIN 2 */
  HAL_TIM_Base_Start_IT(&htim3);
  /* USER CODE END 2 */
  while (1)
  {

  }
}
```

构建完代码后，将其下载到开发板并测试，在运行过程中会发现上电时，A、B 两组 LED 灯均处于熄灭状态，之后 A、B 两组 LED 灯交替周期性闪烁，且间隔时件为 500ms。

7.6.3 控制无源蜂鸣器

通过按键 KEY1 来控制无源蜂鸣器的开或关，如按下按键 KEY1，无源蜂鸣器发出响声，再次按下按键 KEY1，无源蜂鸣器停止响声，即由按键 KEY1 控制无源蜂鸣器开或关。

开发板上有一个无源蜂鸣器，其电路图如图 7-9 所示。

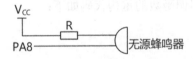

图 7-9 无源蜂鸣器电路图

在前面的章节中已经介绍了如何使用外部中断来识别按键是否被按下，这里不再赘述。

从图 7-10 所示的引脚配置可以看出，与无源蜂鸣器一端连接的引脚是 PA8，要想驱动无源蜂鸣器发出声音，需要在 PA8 引脚上产生一个频率为 1 500～5 000Hz 的驱动信号。本书以 2 000Hz 的方波信号进行驱动。有了合适的驱动信号，无源蜂鸣器就会发出声音。

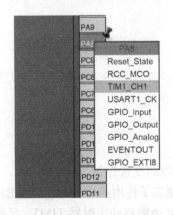

图 7-10 引脚配置

PA8 可以作为定时器 1 的通道 TIM1，使用定时器 TIM1 的 CH1 输出的 PWM 波可以控制无源蜂鸣器，本例中输出的是固定占空比的 PWM 波。

如图 7-10 所示，在引脚视图上单击相应的引脚 PA8，在弹出的菜单中选择引脚功能，即 TIM1_CH1。

定时器 TIM1 的模式设置界面如图 7-11 所示。

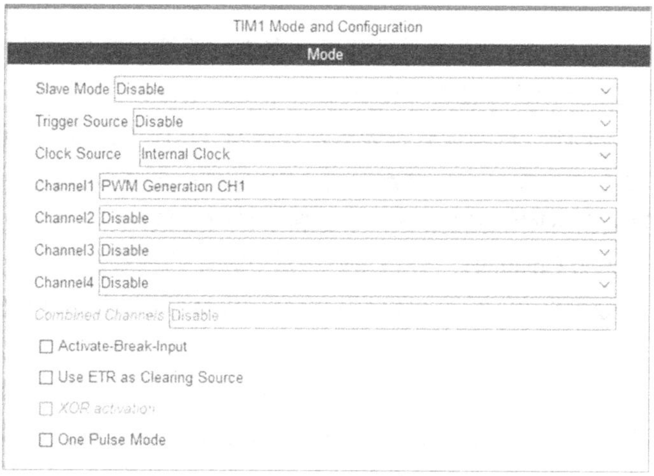

图 7-11　定时器 TIM1 的模式设置界面

先将"Clock Source"设置为"Internal Clock"。

定时器 TIM1 有 4 个通道，分别编号为 1～4，PA8 对应的是通道 1，因此将"Channel1"设置为"PWM Generation CH1"。

定时器 TIM1 的参数设置界面如图 7-12 所示。

图 7-12　定时器 1 的参数设置界面

下面介绍几个重点参数的含义。

（1）Prescaler：预分频寄存器值，设置为 71，因此预分频系数为 72，定时器使用的内部时钟信号频率为 72MHz，经过预分频后进入计数器的时钟频率就是 1MHz。

（2）Counter Mode：计数模式，设置为递增计数。

（3）Counter Period：计数周期，设置为 499，所以一个计数周期是 [(499+1) / 1MHz] s，即 0.5ms。

（4）Internal Clock Division：内部时钟分频，在定时器控制器部分对内部时钟进行分频，选择 No Division 就是不分频，即使得 CK_PSC 等于 CK_INT。

（5）auto-reload preload：自动重载预装载，即设置 TIM1_CR1 寄存器的 ARPE 位，如果设置为 Disable，就是不适用预装载，设置的新 ARR 的值立即生效；如果设置为 Enabled，就是适用预装载，设置的新 ARR 的值在下一个更新事件时生效。

（6）PWM Generation Channel1：分组里时生成 PWM 的一些参数。

（7）Mode：PWM 模式，分别是 PWM mode1（PWM 模式 1）和 PWM mode2（PWM 模式 2）。

① PWM 模式 1——在递增计数模式下，只要 CNT<CCR，通道就是有效状态，否则就是无效状态；在递减模式下，只要 CNT<CCR，通道就是无效状态，否则为有效状态。

② PWM 模式 2——其输出与 PWM 模式 1 正好相反，如在递增计数模式下，只要 CNT<CCR，通道就是无效状态，否则就是有效状态。

（8）Pulse：PWM 脉冲宽度，用来设置 16 位的捕获/比较寄存器 CCR 的值，脉冲宽度的值应小于计数周期的值，这时设置为 250。

（9）Fast Mode：是否使用输出比较快速模式，就是设置寄存器 TIMx_CCMR1 中的 OC1FE 位，用于加快触发输入事件对 CC 输出的影响，一般设置为 Disable。

（10）CH Polarity：通道极性，就是 CCR 与 CNT 比较输出的有效状态，可以设置为高电平或低电平，通道极性和 PWM 模式组合可以生成不同的 PWM 波形。本例中，该项设置为高电平（High）

经过以上设置，启动定时器 TIM1 后，在引脚 PA8（TIM1_CH1 通道）上输出的 PWM 波的通道极性为高，PWM 模式为 1，PWM 波的周期为 0.5ms（由 ARR 的值决定），高电平脉冲宽度为 0.25ms（由 CCR 的值决定）。

7.6.4 项目"控制无源蜂鸣器"代码分析

在 CubeMX 软件生成的代码中，函数 main( )无须改动，按键的相关设置参照外部中断章节。

按键 KEY1 被按下后，触发外部中断，根据中断处理流程，用户只需重新编写回调函数即可。

在 gpio.c 中，我们重新编写外部中断回调函数，代码如下：

```
/* USER CODE BEGIN 2 */
uint8_t buzz_switch = 0;//控制无源蜂鸣器的开关变量，1 为打开无源蜂鸣器，0 为关闭无源蜂鸣器

void HAL_GPIO_EXTI_Callback(uint16_t GPIO_Pin)
{
```

```
    if(GPIO_Pin == KEY1_Pin)
    {
        buzz_switch = ~buzz_switch;                //每触发一次中断, 变量值改变一次。
    }
    if(buzz_switch)//根据变量值确定输出 PWM 波或停止输出 PWM 波
    {
        HAL_TIM_PWM_Start(&htim1, TIM_CHANNEL_1);    //开始输出 PWM 波, 无源蜂鸣器开（响）
    }
    else
    {
        HAL_TIM_PWM_Stop(&htim1, TIM_CHANNEL_1);     //停止输出 PWM 波, 无源蜂鸣器关
    }
}
/* USER CODE END 2 */
```

因为在本函数中调用了定时器相关的两个函数 HAL_TIM_PWM_Start( )和 HAL_TIM_PWM_Stop( )，所以在 gpio.c 中，需要添加对 "tim.h" 的引用。

tim.h 代码如下：

```
/* USER CODE BEGIN 0 */
#include "tim.h"
/* USER CODE END 0 */
```

构建完代码后，将其下载到开发板并测试，运行时发现上电后无源蜂鸣器不响，按下按键 KEY1，无源蜂鸣器就会发出声音，再次按下按键 KEY1，无源蜂鸣器停止发声。

7.6.5 本例代码

（1）定时器控制 LED 灯翻转代码。

main.c 代码如下：

```
#include "main.h"
#include "tim.h"
#include "gpio.h"
void SystemClock_Config(void);
int main(void)
{
  HAL_Init();
  SystemClock_Config();
  MX_GPIO_Init();
  MX_TIM3_Init();
  /* USER CODE BEGIN 2 */
  HAL_TIM_Base_Start_IT(&htim3);
  /* USER CODE END 2 */
  while (1)
  {
  }
```

```
}

void SystemClock_Config(void)
{
    ...//省略
}

void Error_Handler(void)
{
}
```

tim.c 代码如下：

```
#include "tim.h"
TIM_HandleTypeDef htim3;
void MX_TIM3_Init(void)
{
  TIM_ClockConfigTypeDef sClockSourceConfig = {0};
  TIM_MasterConfigTypeDef sMasterConfig = {0};

  htim3.Instance = TIM3;
  htim3.Init.Prescaler = 7200-1;
  htim3.Init.CounterMode = TIM_COUNTERMODE_UP;
  htim3.Init.Period = 4999;
  htim3.Init.ClockDivision = TIM_CLOCKDIVISION_DIV1;
  htim3.Init.AutoReloadPreload = TIM_AUTORELOAD_PRELOAD_DISABLE;
  if (HAL_TIM_Base_Init(&htim3) != HAL_OK)
  {
    Error_Handler();
  }
  sClockSourceConfig.ClockSource = TIM_CLOCKSOURCE_INTERNAL;
  if (HAL_TIM_ConfigClockSource(&htim3, &sClockSourceConfig) != HAL_OK)
  {
    Error_Handler();
  }
  sMasterConfig.MasterOutputTrigger = TIM_TRGO_UPDATE;
  sMasterConfig.MasterSlaveMode = TIM_MASTERSLAVEMODE_DISABLE;
  if (HAL_TIMEx_MasterConfigSynchronization(&htim3, &sMasterConfig) != HAL_OK)
  {
    Error_Handler();
  }
}

void HAL_TIM_Base_MspInit(TIM_HandleTypeDef* tim_baseHandle)
{
```

```
  if(tim_baseHandle->Instance==TIM3)
  {
    __HAL_RCC_TIM3_CLK_ENABLE();
    HAL_NVIC_SetPriority(TIM3_IRQn, 1, 0);
    HAL_NVIC_EnableIRQ(TIM3_IRQn);
  }
}

void HAL_TIM_Base_MspDeInit(TIM_HandleTypeDef* tim_baseHandle)
{

  if(tim_baseHandle->Instance==TIM3)
  {
    __HAL_RCC_TIM3_CLK_DISABLE();
    HAL_NVIC_DisableIRQ(TIM3_IRQn);
  }
}

/* USER CODE BEGIN 1 */
uint8_t i=0;
void HAL_TIM_PeriodElapsedCallback(TIM_HandleTypeDef *htim)
{
    if(i)
    {
        HAL_GPIO_TogglePin(GPIOE,GPIO_PIN_7|GPIO_PIN_6|GPIO_PIN_5|GPIO_PIN_4);
        HAL_GPIO_TogglePin(GPIOE,GPIO_PIN_3|GPIO_PIN_2|GPIO_PIN_1|GPIO_PIN_0);
    }
    else
    {
        i=1;
    HAL_GPIO_WritePin(GPIOE,GPIO_PIN_7|GPIO_PIN_6|GPIO_PIN_5|GPIO_PIN_4,
GPIO_PIN_RESET);
    }
}
/* USER CODE END 1 */
```

（2）定时器控制无源蜂鸣器代码。

main.c 代码如下：

```
#include "main.h"
#include "tim.h"
#include "gpio.h"


void SystemClock_Config(void);
```

```
/* USER CODE BEGIN 0 */
uint16_t pwm_i=0;
uint8_t pwm_mode=0;
/* USER CODE END 0 */
int main(void)
{
  HAL_Init();
  SystemClock_Config();
  MX_GPIO_Init();
  MX_TIM4_Init();
  /* USER CODE BEGIN 2 */
    HAL_TIM_PWM_Start(&htim4,TIM_CHANNEL_3);
  /* USER CODE END 2 */
  /* USER CODE BEGIN WHILE */
  while (1)
  {
      if(pwm_mode)
      {
          __HAL_TIM_SET_COMPARE(&htim4, TIM_CHANNEL_3, pwm_i--);
          if(pwm_i==0)
          pwm_mode=0;
      }
      else
      {
          __HAL_TIM_SET_COMPARE(&htim4, TIM_CHANNEL_3, pwm_i++);
          if(pwm_i==360)
          pwm_mode=1;
      }
      HAL_Delay(5);
  /* USER CODE END WHILE */
  }
}

void SystemClock_Config(void)
{
    ...//省略
}

void Error_Handler(void)
{
}
```

tim.c 代码如下：

```
#include "tim.h"
```

```
TIM_HandleTypeDef htim4;
void MX_TIM4_Init(void)
{
  TIM_ClockConfigTypeDef sClockSourceConfig = {0};
  TIM_MasterConfigTypeDef sMasterConfig = {0};
  TIM_OC_InitTypeDef sConfigOC = {0};
  htim4.Instance = TIM4;
  htim4.Init.Prescaler = 72-1;
  htim4.Init.CounterMode = TIM_COUNTERMODE_UP;
  htim4.Init.Period = 499;
  htim4.Init.ClockDivision = TIM_CLOCKDIVISION_DIV1;
  htim4.Init.AutoReloadPreload = TIM_AUTORELOAD_PRELOAD_DISABLE;
  if (HAL_TIM_Base_Init(&htim4) != HAL_OK)
  {
    Error_Handler();
  }
  sClockSourceConfig.ClockSource = TIM_CLOCKSOURCE_INTERNAL;
  if (HAL_TIM_ConfigClockSource(&htim4, &sClockSourceConfig) != HAL_OK)
  {
    Error_Handler();
  }
  if (HAL_TIM_PWM_Init(&htim4) != HAL_OK)
  {
    Error_Handler();
  }
  sMasterConfig.MasterOutputTrigger = TIM_TRGO_RESET;
  sMasterConfig.MasterSlaveMode = TIM_MASTERSLAVEMODE_DISABLE;
  if (HAL_TIMEx_MasterConfigSynchronization(&htim4, &sMasterConfig) != HAL_OK)
  {
    Error_Handler();
  }
  sConfigOC.OCMode = TIM_OCMODE_PWM1;
  sConfigOC.Pulse = 250;
  sConfigOC.OCPolarity = TIM_OCPOLARITY_LOW;
  sConfigOC.OCFastMode = TIM_OCFAST_DISABLE;
  if (HAL_TIM_PWM_ConfigChannel(&htim4, &sConfigOC, TIM_CHANNEL_3) != HAL_OK)
  {
    Error_Handler();
  }
  HAL_TIM_MspPostInit(&htim4);
}
```

```
void HAL_TIM_Base_MspInit(TIM_HandleTypeDef* tim_baseHandle)
{
  if(tim_baseHandle->Instance==TIM4)
  {
    __HAL_RCC_TIM4_CLK_ENABLE();
  }
}
void HAL_TIM_MspPostInit(TIM_HandleTypeDef* timHandle)
{

  GPIO_InitTypeDef GPIO_InitStruct = {0};
  if(timHandle->Instance==TIM4)
  {
    __HAL_RCC_GPIOB_CLK_ENABLE();
    GPIO_InitStruct.Pin = GPIO_PIN_8;
    GPIO_InitStruct.Mode = GPIO_MODE_AF_PP;
    GPIO_InitStruct.Speed = GPIO_SPEED_FREQ_LOW;
    HAL_GPIO_Init(GPIOB, &GPIO_InitStruct);
  }
}
void HAL_TIM_Base_MspDeInit(TIM_HandleTypeDef* tim_baseHandle)
{

  if(tim_baseHandle->Instance==TIM4)
  {
    __HAL_RCC_TIM4_CLK_DISABLE();
  }
}
```

本章小结

本章介绍了 STM32F103 系列微控制器的定时器，分别为基础定时器、通用定时器、高级定时器，其功能逐渐强大。本章介绍了所有定时器的功能特点，然后介绍了其结构原理和使用方法，并以两个例子介绍了定时器的基本定时功能和输出 PWM 功能的应用。

思考与练习

1. 定时器 TIM3 的计数器长度是多少位？
2. 基础定时器、通用定时器、高级定时器分别有哪些？
3. 请以定时器 TIM3 为例，简述定时器基本计时功能的原理。

4．简述函数 HAL_TIM_PeriodElapsedCallback( )的作用。

5．PWM 模式 1 和 PWM 模式 2 的区别有哪些？

6．已知定时器的频率为 72MHz，王强同学需要配置一个 1s 的定时时间。在对 CubeMX 相关参数进行配置时，为了使 CNT 每变化一次的时间为 1ms，经计算，他认为在 CubeMX 软件中将 "Prescaler" 设置为（72 000 000×0.001－1）＝71 999，将 "Counter Period" 设置为 1 000－1 即可。可是李伟同学认为这几个参数算错了，请判断谁说得对，并给出理由。

参考：延时时间 ＝（TIMx_ARR+1）×（TIMx_PSC+1）/ TIMxCLK。

第8章

串行通信接口 USART

本章主要介绍数据通信的基本概念、USART 工作原理、USART 相关的 HAL 库函数、串口通信实例。

在嵌入式系统中，微控制器经常需要与外围设备（如触控屏、传感器等）或其他微控制器交换数据，一般采用并行或串行的方式实现数据交换。

8.1 数据通信的基本概念

根据数据传输方式的不同，数据通信一般分为并行通信和串行通信。

8.1.1 并行通信

并行通信是指使用多条数据线传输数据。并行通信时，各个位同时在不同的数据线上传送，数据可以以字或字节为单位并行传输，就像具有多车道（数据线）的街道可以同时让多辆车（位）通行。显然，并行通信的优点是传输速度快，一般用于传输大量、紧急的数据。例如，在嵌入式系统中，微控制器与 LCD 之间的数据交换通常采用并行通信方式。同样，并行通信的缺点也很明显，它需要占用更多的 I/O 口，传输距离较短，且易受外界信号干扰。

8.1.2 串行通信

串行通信是指使用一条数据线将数据一位一位地依次传输，每一位数据占据一个固定的时间长度，就像只有一条车道（数据线）的街道一次只能允许一辆车（位）通行。它的优点是只需要几根线（如数据线、时钟线或地线等）便可实现系统与系统间或系统与部件间的数据交换，且传输距离较长，因此被广泛应用于嵌入式系统中。其缺点是由于只使用一根数据线，数据传输速度较慢。

串行通信按同步方式分为异步通信和同步通信。

（1）异步通信依靠起始位、停止位保持通信同步。异步通信数据传送按帧传输，一帧数据包含起始位、数据位、校验位和停止位。最常见的帧格式为 1 个起始位、8 个数据位、1 个校验位和 1 个停止位，帧与帧之间可以有空闲位。起始位约定为 0，停止位和空闲位约定为 1。异步通信对硬件要求较低，实现起来比较简单、灵活，适用于数据的随机发送/接收，但因每个字节都要建立一次同步，即每个字符都要额外附加两位，所以工作速度较低，在单片机系统中主要采用异步通信方式。

（2）同步通信依靠同步字符保持通信同步。同步通信是由 1～2 个同步字符和多字节数据位组成的，同步字符作为起始位以触发同步时钟开始发送或接收数据；多字节数据之间不允许有空隙，每位占用的时间相等；空闲位需发送同步字符。

同步通信传送的多字节数据由于中间没有空隙，因而传输速度较快，但要求有准确的时钟来实现收发双方的严格同步，对硬件要求较高，适用于成批数据传送。

串行通信的制式串行通信按照数据传送方向可分为以下三种制式。

（1）单工制式（Simplex）。单工制式是指甲乙双方通信时只能单向传送数据。系统组成以后，发送方和接收方固定。这种通信制式很少应用，但在某些串行 I/O 设备中使用了这种制式，如早期的打印机和计算机之间，数据传输只需要一个方向，即从计算机至打印机。

（2）半双工制式（Half Duplex）。半双工制式是指通信双方都具有发送器和接收器，既可发送也可接收，但不能同时接收和发送，发送时不能接收，接收时不能发送。

（3）全双工制式（Full Duplex）。全双工制式是指通信双方均设有发送器和接收器，并且信道划分为发送信道和接收信道，因此全双工制式可实现甲方（乙方）同时发送和接收数据，发送时能接收，接收时也能发送。

在串行通信的通信过程中往往要对数据差错进行校验，因为差错校验是保证通信准确无误的关键。常用的差错校验方法有奇偶校验、累加和校验及循环冗余码校验等。

（1）奇偶校验。在发送数据时，数据位尾随的 1 的位数为奇偶校验位（1 或 0），当设置为奇校验时，数据位中 1 的个数与校验位中 1 的个数之和应为奇数；当设置为偶校验时，数据位中 1 的个数与校验位中 1 的个数之和应为偶数。接收时，接收方应具有与发送方一致的差错检验设置，当接收 1 帧字符时，对 1 的个数进行校验，若二者不一致，则说明数据传送过程中出现了差错。

奇偶校验的特点是按字符校验，这时的数据传输速度将受到影响，因此奇偶校验一般只用于异步串行通信中。

（2）累加和校验。累加和校验是指发送方将所发送的数据块求和，并将"校验和"附加到数据块末尾。接收方接收数据时也对数据块求和，将所得结果与发送方的"校验和"进行比较，这样两者相符则无差错，否则即出现了差错。"校验和"的加运算可用逻辑加，也可用算术加。累加和校验的缺点是无法校验出字节位序（或 1、0 位序不同）的错误。

（3）循环冗余码校验。循环冗余码校验（Cyclic Redundancy Check，CRC）的基本原理是将一个数据块看成一个位数很长的二进制数，然后用一个特定的数去除以它，将余数作为校验码附在数据块后一起发送。接收端收到该数据块和校验码后，进行同样的运算来校验传送是否出错。目前 CRC 已广泛用于数据存储和数据通信中，并在国际上形成规范，已有不少现成的 CRC 软件算法。

当然还有很多其他的校验方法，这里就不再一一列举。

波特率是串行通信中的一个重要概念，是指传输数据的速度。波特率的定义是每秒传输数据的位数，即

$$1 波特=1 位/秒(1 b/s)$$

波特率的倒数为每位传输所需的时间。由以上串行通信原理可知，互相通信的甲乙双方必须具有相同的波特率，否则无法成功地完成串行数据通信。

8.2 USART 工作原理

8.2.1 USART 介绍

通用同步异步收发器（Universal Synchronous/Asynchronous Receiver/Transmitter，USART）提供了一种灵活的方法与使用工业标准 NRZ 异步串行数据格式的外部设备进行全双工数据交换。USART 利用分数波特率发生器提供宽范围的波特率选择。它支持同步单向通信和半双工单向通信，也支持 LIN（局部互联网）、智能卡协议和 IrDA（红外数据组织）SIR ENDEC 规范，以及调制解调器（CTS/RTS）操作。它还允许多处理器通信。使用多缓冲器配置的 DMA 方式，可以实现高速数据通信。

8.2.2 USART 的主要特性

（1）全双工的异步通信。

（2）NRZ 标准格式。

（3）分数波特率发生器系统发送和接收共用的可编程波特率最高达 4.5MB/s。

（4）可编程数据字长度（8 位或 9 位）。

（5）可配置的停止位——支持 1 或 2 个停止位。

（6）LIN（主）发送同步断开符的能力及 LIN（从）检测断开符的能力。当 USART 硬件配置成 LIN 时，生成 13 位断开符；检测 10/11 位断开符。

（7）发送方为同步传输提供时钟。

（8）IRDA SIR 编码器和解码器在正常模式下支持 3/16 位的持续时间。

（9）智能卡模拟功能。

    ① 智能卡接口支持 ISO7816—3 标准里定义的异步智能卡协议。

    ② 智能卡用到的 0.5 和 1.5 个停止位。

（10）单线半双工通信。

（11）可配置的使用 DMA 的多缓冲器通信。在 SRAM 里利用集中式 DMA 缓冲器接收/发送字节。

（12）单独的发送器和接收器使能位。

（13）检测标志。

    ① 接收缓冲器满。

    ② 发送缓冲器空。

    ③ 传输结束标志。

（14）校验控制。

    ① 发送校验位。

    ② 对接收数据进行校验。

（15）四个错误检测标志。

    ① 溢出错误。

    ② 噪声错误。

    ③ 帧错误。

    ④ 校验错误。

（16）10 个带标志的中断源。

　　① CTS 改变。

　　② LIN 断开符检测。

　　③ 发送数据寄存器空。

　　④ 发送完成。

　　⑤ 接收数据寄存器满。

　　⑥ 检测到总线为空闲。

　　⑦ 溢出错误。

　　⑧ 帧错误。

　　⑨ 噪声错误。

　　⑩ 校验错误。

（17）多处理器通信：如果地址不匹配，则进入静默模式。

（18）从静默模式中唤醒接收器（通过空闲总线检测或地址标志检测）。

（19）两种唤醒接收器的方式：地址位（MSB，第 9 位）或总线空闲。

8.2.3　USART 功能概述

任何 USART 双向通信至少需要两个脚：接收数据输入脚（RX）和发送数据输出脚（TX）。

RX：接收数据输入，通过采样技术来区别数据和噪声，从而恢复数据。

TX：发送数据输出，当发送器被禁止时，输出引脚恢复到它的 I/O 端口配置；当发送器被激活，并且不发送数据时，TX 引脚处于高电平；在单线和智能卡模式里，此 I/O 口被同时用于数据的发送和接收。

USART 双向通信的特性如下：

（1）总线在发送或接收前应处于空闲状态；

（2）一个起始位；

（3）一个数据字（8 位或 9 位），最低有效位在前；

（4）0.5 个、1.5 个、2 个的停止位，由此表明数据帧的结束；

（5）使用分数波特率发生器——12 位整数和 4 位小数的表示方法；

（6）一个状态寄存器（USART_SR）；

（7）数据寄存器（USART_DR）；

（8）一个波特率寄存器（USART_BRR），12 位的整数和 4 位小数；

（9）一个智能卡模式下的保护时间寄存器（USART_GTPR）。

在同步模式中需要使用引脚 CK 发送器时钟输出。此引脚输出用于同步传输的时钟（在 Start 位和 Stop 位上没有时钟脉冲，可以在最后一个数据位送出一个时钟脉冲）。数据可以在 RX 上同步被接收。这可以用来控制带有移位寄存器的外部设备（如 LCD 驱动器）。时钟相位和极性都是软件可编程的。在智能卡模式里，CK 引脚可以为智能卡提供时钟。

在 IrDA 模式里需要下列引脚。

（1）IrDA_RD：IrDA 模式下的数据输入。

（2）IrDA_TDO：IrDA 模式下的数据输出。

在硬件流控模式中需要下列引脚。

（1）nCTS：清除发送，若是高电平，在当前数据传输结束时阻断下一次的数据发送。

（2）nRTS：发送请求，若是低电平，表明 USART 准备好接收数据。

8.2.4　USART 字长设置

USART 字长可以通过编程 USART_CR1 寄存器中的 M 位选择 8 位或 9 位。在起始位期间，TX 脚处于低电平，在停止位期间，TX 脚处于高电平。空闲符号被视为完全由 "1" 组成的一个完整的数据帧，后面跟着包含了数据的下一帧的开始位。断开符号被视为完全由 "0" 组成的一个完整的数据帧。在断开帧结束时，发送器再插入 1 或 2 个停止位（1）来应答起始位。发送和接收由一共用的波特率发生器驱动，当发送器和接收器的使能位分别置位时，分别为其产生时钟。USART 字长设置如图 8-1 所示。

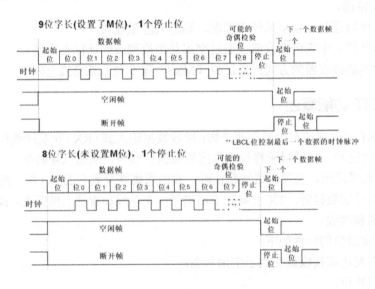

图 8-1　USART 字长设置

8.2.5　USART 中断

STM32F103 系列微控制器的 USART 主要包括以下各种中断事件。

（1）发送期间：发送完成（TC）、清除发送（CTS）、发送数据寄存器空（TXE）。

（2）接收期间：空闲总线检测（IDLE）、溢出错误（ORE）、接收数据寄存器非空（RXNE）、校验错误（PE）、LIN 断开检测（LBD）、噪声错误（NE，仅在多缓冲器通信）和帧错误（FE，仅在多缓冲器通信）。

如果设置了对应的使能控制位，这些事件就可以产生各自的中断，STM32F103 系列微控制器 USART 的中断请求如表 8-1 所示。

表 8-1　STM32F103 系列微控制器 USART 的中断请求

中 断 事 件	事 件 标 志	使 能 位
发送数据寄存器空	TXE	TXEIE
CTS 标志	CTS	CTSIE

续表

中 断 事 件	事 件 标 志	使 能 位
发送完成	TC	TCIE
接收数据就绪可读	TXNE	TXNEIE
检测到数据溢出	ORE	TXNEIE
检测到空闲线路	IDLE	IDLEIE
校验错误	PE	PEIE
断开标志	LBD	LBDIE
噪声标志，多缓冲通信中的溢出错误和帧错误	NE 或 ORT 或 FE	EIE

STM32F103 系列微控制器 USART 上的各种不同的中断事件都被连接到同一个中断向量，USART 中断映射图如图 8-2 所示。

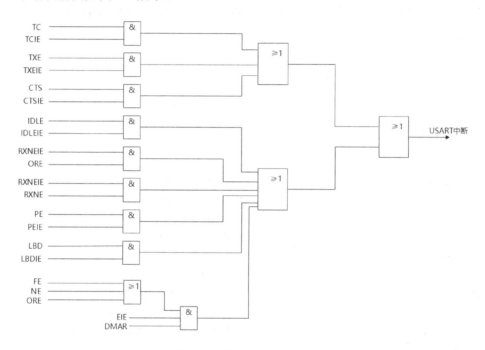

图 8-2　USART 中断映射图

8.3　USART 相关的 HAL 驱动

8.3.1　串口常用 HAL 函数

串口常用的 HAL 函数及说明如表 8-2 所示。

表 8-2　串口常用的 HAL 函数及说明

函数/驱动	说　　明
HAL_UART_Init( )	串口初始化，设置串口通信参数
HAL_UART_MspInit( )	串口初始化的 MSP 函数，在函数 HAL_UART_Init( ) 中被调用。用于串口引脚的 GPIO 初始化及中断配置

续表

函数/驱动	说　　明
HAL_UART_Transmit( )	以轮询模式发送一个缓冲区的数据，发送完成或超时后才返回
HAL_UART_Receive( )	以轮询模式将数据接收到一个缓冲区，接收完成或超时后才返回
HAL_UART_Transmit_IT( )	以中断方式发送一个缓冲区的数据
HAL_UART_Receive_IT( )	以中断方式将指定长度的数据接收到缓冲区
HAL_UART_Transmit_DMA( )	以 DMA 方式发送一个缓冲区的数据
HAL_UART_Receive_DMA( )	以 DMA 方式将指定长度的数据接收到缓冲区
HAL_UART_IRQHandler( )	串口中断通用处理函数
HAL_UART_TxCpltCallback( )	串口发送完成的中断回调函数
HAL_UART_RxCpltCallback( )	串口接收完成的中断回调函数

串口相关的 HAL 驱动文件主要在文件 stm32f1xx_hal_uart.h 和 stm32f1xx_hal_uart.c 中。

1. 串口初始化

函数 HAL_UART_Init( )对串口的参数进行初始化配置，其原型定义如下：

```
HAL_StatusTypeDef HAL_UART_Init(UART_HandleTypeDef *huart);
```

其中，参数 huart 是 UART_HandleTypeDef 类型的指针，是串口外设对象指针，UART_HandleTypeDef 在程序中的定义如下，各成员变量的意义见注释。

```
typedef struct __UART_HandleTypeDef
{
  USART_TypeDef *Instance;              //UART 寄存器基址
  UART_InitTypeDef  Init;               //UART 通信参数
  uint8_t *pTxBuffPtr;                  //发送数据缓冲区指针
  uint16_t TxXferSize;                  //需要发送数据的字节数
  __IO uint16_t  TxXferCount;           //发送数据计数器，递增计数
  uint8_t *pRxBuffPtr;                  //接收数据缓冲区指针
  uint16_t RxXferSize;                  //需要接收数据的字节数
  __IO uint16_t RxXferCount;            //接收数据计数器，递增计数
  DMA_HandleTypeDef *hdmatx;            //数据发送 DMA 流对象指针
  DMA_HandleTypeDef *hdmarx;            //数据接收 DMA 流对象指针
  HAL_LockTypeDef  Lock;                //锁定类型
  __IO HAL_UART_StateTypeDef  gState;   //UART 状态
  __IO HAL_UART_StateTypeDef  RxState;  //发送操作相关的状态
  __IO uint32_t ErrorCode;              //错误码
} UART_HandleTypeDef;
```

结构体 UART_HandleTypeDef 的成员变量 Init 是 UART_InitTypeDef 类型的结构体，它表示了串口的通信参数，UART_InitTypeDef 在程序中的定义如下：

```
typedef struct
{
  uint32_t BaudRate;                    //波特率
  uint32_t WordLength;                  //字长
  uint32_t StopBits;                    //停止位个数
  uint32_t Parity;                      //奇偶校验
```

```
    uint32_t Mode;                          //工作模式
    uint32_t HwFlowCtl;                     //硬件控制流
    uint32_t OverSampling;                  //过采样
} UART_InitTypeDef;
```

　　串口的通信参数的设置非常重要，在 CubeMX 软件中，用户可以进行可视化设置，使 CubeMX 软件在生成代码时会自动生成串口初始化函数。

2. 以轮询方式发送/接收数据

　　函数 HAL_UART_Transmit( )以轮询方式发送一个缓冲区的数据，若返回值为 HAL_OK，则表示传输成功，否则可能是超时或其他错误。其函数原型为：

```
HAL_StatusTypeDef HAL_UART_Transmit(UART_HandleTypeDef *huart, uint8_t *pData, uint16_t Size, uint32_t Timeout);
```

　　其中，参数 pData 是缓冲区指针；Size 是需要发送的数据长度，以字节为单位；Timeout 是超时限制时间，以嘀嗒信号的节拍数表示。

　　函数 HAL_UART_Receive( )以轮询方式接收数据到一个缓冲区，若返回值为 HAL_OK，则表示接收成功，否则可能是超时或其他错误。其函数原型为：

```
HAL_StatusTypeDef HAL_UART_Receive(UART_HandleTypeDef *huart, uint8_t *pData, uint16_t Size, uint32_t Timeout);
```

　　其中，参数 pData 是用于存放接收数据的缓冲区指针；Size 是需要接收的数据长度，以字节为单位；Timeout 是超时限制时间，以嘀嗒信号的节拍数表示。

3. 以中断方式发送/接收数据

　　函数 HAL_UART_Transmit_IT( )以中断方式发送一定长度的数据，若返回值为 HAL_OK，则表示启用或发送成功，但需注意，这并不表明数据发送完成了。其函数原型为：

```
HAL_StatusTypeDef HAL_UART_Transmit_IT(UART_HandleTypeDef *huart, uint8_t *pData, uint16_t Size);
```

　　其中，参数 pData 是需要发送的数据的缓冲区指针；Size 是需要发送的数据长度，以字节为单位；数据发送结束时，会触发中断并调用回调函数 HAL_UART_TxCpltCallback( )，若要在发送完成时做一些处理，就需要重新实现这个回调函数。

　　函数 HAL_UART_Receive_IT( )以中断方式接收一定长度的数据，若函数返回值为 HAL_OK，则表示启动成功，但这并不表示已经接收完数据了。其函数原型为：

```
HAL_StatusTypeDef HAL_UART_Receive_IT(UART_HandleTypeDef *huart, uint8_t *pData, uint16_t Size);
```

　　其中，参数 pData 是需要存放接收数据的缓冲区指针；Size 是需要接收的数据长度，以字节为单位；数据接收完成时，会触发中断并调用函数 HAL_UART_RxCpltCallback( )，若要在接收完数据后做一些处理，就需要重新实现这个回调函数。

　　需要注意的是，利用函数 HAL_UART_Receive_IT( )接收数据，一次只能接收固定长度的数据，且完成数据接收后会自动关闭接收中断，不再继续接收数据，若想再接收下一批数据，需要再次执行这个函数。

8.3.2 中断事件和回调函数

一个串口只有一个中断号，如 USART1 的全局中断对应的中断服务程序是 USART1_IRQHandler( )。在 CubeMX 软件自动生成代码时，其 ISR 框架会在文件 stm32f1xx_it.c 中生成，函数 USART1_IRQHandler( ) 代码如下：

```
void USART1_IRQHandler(void)
{
  HAL_UART_IRQHandler(&huart1);
}
```

所有串口的中断服务程序都调用函数 HAL_UART_IRQHandler( )，这是中断处理的通用函数。这个函数会判断产生中断的事件类型、清除事件的中断标志位、调用中断事件对应的回调函数。

常用串口中断事件类型及对应的回调函数如表 8-3 所示。

表 8-3   常用串口中断事件类型及对应的回调函数

中断事件类型宏定义	中断事件描述	回调函数
UART_IT_TC	传输完成中断，用于发送完成	HAL_UART_TxCpltCallback( )
UART_IT_RXNE	接收数据寄存器非空中断	HAL_UART_RxCpltCallback( )
UART_IT_IDLE	线路空闲状态中断	无
UART_IT_ERR	帧错误、噪声错误、溢出错误中断	HAL_UART_ErrorCallback( )
UART_IT_PE	奇偶校验错误中断	HAL_UART_ErrorCallback( )

8.4　串口通信实例

8.4.1 串口发送数据实例

本例要求通过按键 KEY1 触发串口 1 向上位机发送数据，每按下一次按键，开发板通过串口 1 发送信息 "hi,sdnuer~"，要求使用两种方式（查询方式和中断方式）进行发送。

本例需要配置的有按键 KEY1，即将 PC13 引脚设置为外部中断触发，然后在外部中断的回调函数中设置一个标志位，根据标志位的状态来控制是否向上位机发送信息。外部中断章节的内容此处不再赘述。

本例的重点是如何配置串口 1，串口 1 的发送对应 PA9 引脚，串口 1 的接收对应 PA10 引脚。图 8-3 所示为 J3 接口电路图，PA9 引脚与 PA10 引脚接到了 J3 接口，通过 USB 转串口线与计算机连接即可。在计算机上打开串口调试助手或类似软件即可接收下位机（开发板）发送到上位机的信息。

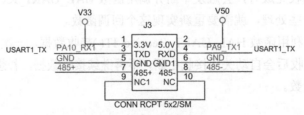

图 8-3　J3 接口电路图

下面介绍 CubeMX 软件中与串口配置相关的参数。

在引脚视图上单击相应的引脚，在弹出的菜单中选择引脚功能，串口引脚配置如图 8-4 所示。

单击 PA9 引脚，选择 "USART1_TX"，单击 PA10 引脚，选择 "USART1_RX"。

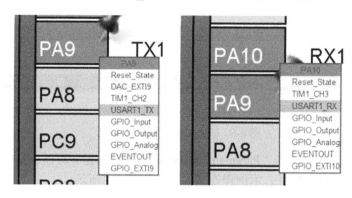

图 8-4 串口引脚配置

在 "Pinout & Configuration" 标签页下的 "Categories" 中，单击第四行的 "Connectivity"，在展开的项目中，找到 "USART1"（见图 8-5），单击进入后，在界面中间出现 USART1 的配置界面（见图 8-6）。

图 8-5 选择 USART1

在 USART1 配置界面最上方的 "Mode" 配置中，找到 "Mode" 可选项，然后选择 "Asynchronous"。之后在下方的 "Configuration" 界面可以设置基本参数和中断参数。

USART1 Mode and Configuration

Mode	
Mode	Asynchronous
Hardware Flow Control (RS232)	Disable

Configuration

Reset Configuration

● Parameter Settings ● User Constants ● NVIC Settings ● DMA Settings ● GPIO Settings

Configure the below parameters :

图 8-6　USART1 配置界面

在 USART1 配置界面中单击"Parameter Settings",在该标签下可以设置串口的波特率、停止位、奇偶校验等,按需配置。本例程设置的参数如图 8-7 所示。

(1)"Baud Rate"设置为"115200 Bits/s"。

(2)"Word Length"设置为"8 Bits"。

(3)"Parity"设置为"None"。

(4)"Stop Bits"设置为"1"。

(5)"Data Direction"设置为"Receive and Transmit"。

(6)"Over Sampling"设置为"16 Samples"。

● Parameter Settings	● User Constants	● NVIC Settings	● DMA Settings	● GPIO Settings

Configure the below parameters :

Search (Ctrl+F)

∨ Basic Parameters
    Baud Rate　　　　　　　　　115200 Bits/s
    Word Length　　　　　　　　8 Bits (including Parity)
    Parity　　　　　　　　　　　None
    Stop Bits　　　　　　　　　　1
∨ Advanced Parameters
    Data Direction　　　　　　　Receive and Transmit
    Over Sampling　　　　　　　16 Samples

图 8-7　本例设置的参数

因为本例要求使用轮询和中断方式进行数据发送,在 USART1 配置界面中单击"NVIC Settings",在配置界面中选中使能串口中断。USART1 中断设置如图 8-8 所示。

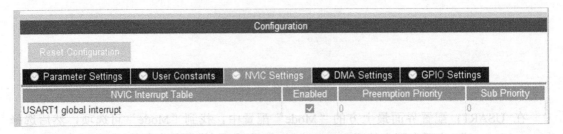

Configuration

Reset Configuration

● Parameter Settings ● User Constants ● NVIC Settings ● DMA Settings ● GPIO Settings

NVIC Interrupt Table	Enabled	Preemption Priority	Sub Priority
USART1 global interrupt	☑	0	0

图 8-8　USART1 中断设置

其他配置参考前面的章节内容，全部配置完成后，单击"生成代码"按钮即可生成初始代码。

为了实现本例要求的功能，还需要修改代码，以符合要求。

函数 HAL_GPIO_EXTI_Callback( )相关代码如下：

```
uint8_t sendflag = 0;
void HAL_GPIO_EXTI_Callback(uint16_t GPIO_Pin)
{
    if(GPIO_Pin == GPIO_PIN_13)
    {
        sendflag = 1;
    }
}
```

在按键 KEY1（PC13）外部中断回调函数中，将一个标志位变量 sendflag 置 1。

在 main.c 函数中，定义一个数组，里面存放需要发送到上位机的提示信息。数组定义代码如下：

```
uint8_t txdata[] = {"hi,sdnuer~"};
```

在主循环中，通过判断标志位变量 sendflag 来控制是否向上位机发送信息。函数 main( )代码如下：

```
int main(void)
{
  HAL_Init();
  SystemClock_Config();
  MX_GPIO_Init();
  MX_USART1_UART_Init();
  while (1)
  {
      if(sendflag)            //判断标志位变量为1，则向上位机发送信息
      {
          HAL_UART_Transmit(&huart1,txdata,sizeof(txdata),200);//发送信息函数
          sendflag = 0;       //使用完的标志位注意清零，否则会一直发送信息
      }
  }
}
```

在主循环中，通过判断标志位变量来控制是否调用函数 HAL_UART_Transmit( )进行信息发送。

请注意，使用完标志位变量后，一定注意清零，否则 if 语句的条件会一直满足，就会一直向上位机发送信息，这不符合题意。

如果使用中断方式发送，只需将发送函数换为以下函数即可，示例如下：

```
HAL_UART_Transmit_IT(&huart1,txdata,sizeof(txdata));
```

8.4.2 串口接收数据实例

本例要求上位机通过串口向开发板发送指令，能够控制 LED1 的亮灭，指令长度规定为

两个字节。控制指令及要求如表 8-4 所示。

表 8-4　控制指令及要求

指　　令	LED1	上位机信息显示
1#	亮	LED1 ON
0#	灭	LED1OFF
其他	不变化	UNKNOWN

本例还需要实现的功能有：通过按键 KEY1 来控制是否执行上位机的指令，开启接收指令时，通过串口 1 向上位机发送一次提示"uart on"，关闭接收指令时，通过串口 1 向上位机发送一次提示"uart off"。

本例中用到的 LED1 的引脚为 PE7 引脚，按键和串口 1 与 8.4.1 节使用的相同。在 CubeMX 软件设置里添加 LED1（PE7 引脚）的初始化即可，其他配置与 8.4.1 节相同。除此之外，要注意在 NVIC 设置里开启串口中断。

本例规定上位机只传输两个字节的数据，即下位机接收的数据长度是固定不变的。可以使用函数 HAL_UART_Receive_IT( )进行固定长度的数据接收。

代码分析如下。

在 gpio.c 中，主要分析由按键 KEY1 触发的外部中断回调函数代码。

外部中断回调函数代码如下：

```
uint8_t uart1flag=0;      //是否执行指令的标志位变量。1是执行上位机指令；0是不执行
uint8_t txdata[7];        //发送数据数组

/* USER CODE BEGIN 2 */
void HAL_GPIO_EXTI_Callback(uint16_t GPIO_Pin)
{
    if(GPIO_Pin == KEY1_Pin)
    {
        uart1flag ^= 1;    //每当检查到按键被按下就切换标志位状态

        if(uart1flag)      //标志位变量为1，执行上位机指令，按题目要求，发送uart on
        {
            txdata[0] = 'u';
            txdata[1] = 'a';
            txdata[2] = 'r';
            txdata[3] = 't';
            txdata[4] = ' ';
            txdata[5] = 'o';
            txdata[6] = 'n ';                        //填充数组
            HAL_UART_Transmit_IT(&huart1,txdata,7); //发送数据
        }
        else//标志位变量为0，不执行上位机指令，按题目要求，发送uart off
        {
            txdata[0] = 'u';
```

```
        txdata[1] = 'a';
        txdata[2] = 'r';
        txdata[3] = 't';
        txdata[4] = 'o';
        txdata[5] = 'f';
        txdata[6] = 'f';                              //填充数组
        HAL_UART_Transmit_IT(&huart1,txdata,7); //发送数据
      }
    }
}
/* USER CODE END 2 */
```

根据题意，首先在函数外部定义一个标志位变量 uart1flag，该变量为 1 时，表示接收上位机的指令；该变量为 0 时，表示不接收上位机的指令。

外部中断回调函数相关代码的功能是按键 KEY1 被按下后，触发外部中断，进而触发外部中断回调函数，在该函数中，每按下一次按键就改变一次标志位变量 uart1flag 的状态（0/1 互相转换）。同时，本例中要求每改变一次状态，就要向上位机发送一次提示信息，指示当前是否接收上位机的指令。因此，在函数外部定义了 txdata 数组，填充需要发送的信息，调用发送函数 HAL_UART_Transmit_IT( )发送即可。

在 usart.c 中，主要是接收上位机发来的指令，由于本例已规定上位机发送的数据为两个字节固定长度的数据，所以可以使用函数 HAL_UART_Receive_IT( )进行数据接收。

定义两个数组，数组长度均为 2。rxbuffer 数组是存储接收到的数据，probuffer 是保存接收到的数据，用来进行数据处理。另外，定义一个标志位变量 receiveflag1，用于指示串口 1 是否接收到上位机的指令，1 表示接收完成，0 表示没有接收完成。这样就可以通过判断 receiveflag1 的值来决定是否进行数据处理或执行相关操作。

函数 HAL_UART_RxCpltCallback( )的代码如下：

```
uint8_t rxbuffer[2];
uint8_t probuffer[2];
uint8_t receiveflag1 = 0;
/* USER CODE BEGIN 1 */
void HAL_UART_RxCpltCallback(UART_HandleTypeDef *huart)
{
    if(huart->Instance == USART1)                      //判断是否为串口 1
    {
        for(uint8_t i = 0;i<2;i++)
        {
            probuffer[i] = rxbuffer[i];                //接收到的数据复制到 probuffer 数组
        }
        receiveflag1 =1;                              //成功接收到数据
        HAL_UART_Receive_IT(&huart1,rxbuffer,2);      //开启下一次接收，数据存放在 rxbuffer 数组中
    }
}
/* USER CODE END 1 */
```

本函数为串口接收完成的中断回调函数，这里有一个前提，即在其他地方已经调用了一次函数 HAL_UART_Receive_IT(&huart1,rxbuffer,2)，开启了中断接收，因此当接收到数据后，调用该回调函数。在此回调函数中，将接收到的数据复制到 probuffer 数组，用于后续的数据处理，将标志位 receiveflag1 置 1，用来表示接收到了指令，然后调用函数 HAL_UART_Receive_IT(&huart1,rxbuffer,2)再次开启串口中断接收。

在文件 main.c 中，主要是解析指令，并按照题目要求，根据不同的指令，按要求进行相应的操作。

main 代码如下：

```
int main(void)
{
  HAL_Init();
  SystemClock_Config();
  MX_GPIO_Init();
  MX_USART1_UART_Init();
  /* USER CODE BEGIN 2 */
  HAL_UART_Receive_IT(&huart1,rxbuffer,2);                    //开启串口中断接收数据
  /* USER CODE END 2 */
  while (1)
  {
        if(uart1flag==1)//1 表示接收指令
        {
            if(receiveflag1 ==1)//1 表示接收到指令
            {
                if((probuffer[0]=='1')&&(probuffer[1]=='#'))      //判断指令
                {
                    txdata[0] = 'L';
                    txdata[1] = 'E';
                    txdata[2] = 'D';
                    txdata[3] = '1';
                    txdata[4] = ' ';
                    txdata[5] = 'O';
                    txdata[6] = 'N';                              //填充发送信息
                    HAL_UART_Transmit_IT(&huart1,txdata,7);       //发送

            //根据本例要求，控制 LED1 亮
            HAL_GPIO_WritePin(LED1_GPIO_Port,LED1_Pin,GPIO_PIN_RESET);
                }
                else if((probuffer[0]=='0')&&(probuffer[1]=='#'))   //判断指令
                {
                    txdata[0] = 'L';
                    txdata[1] = 'E';
                    txdata[2] = 'D';
                    txdata[3] = '1';
```

```
            txdata[4] = 'O';
            txdata[5] = 'F';
            txdata[6] = 'F';
            HAL_UART_Transmit_IT(&huart1,txdata,7);
            HAL_GPIO_WritePin(LED1_GPIO_Port,LED1_Pin,GPIO_PIN_SET);
                      //根据本例要求，控制 LED1 灭
        }
        else//判断指令
        {
            txdata[0] = 'U';
            txdata[1] = 'N';
            txdata[2] = 'K';
            txdata[3] = 'N';
            txdata[4] = 'O';
            txdata[5] = 'W';
            txdata[6] = 'N';                              //填充发送信息
            HAL_UART_Transmit_IT(&huart1,txdata,7);       //发送
        }
        receiveflag1 = 0;//处理完毕后，标志位清零，等待解析下一条指令
      }
    }
  }
}
```

　　初始化完毕后，调用函数 HAL_UART_Receive_IT(&huart1,rxbuffer,2)开启串口 1 的数据
接收。在主循环中，最外层的 if 用来判断变量 uart1flag 是否为 1，该变量在按键 KEY1 触发
的外部中断回调函数中改变数值。下一层的 if 是判断变量 receiveflag1 是否为 1，该变量在接
收数据的回调函数中被置 1，表示接收到新的指令。

　　最内层的两个 if...else 则是通过解析存储在 probuffer 里的指令，根据开灯指令、灭灯指
令、其他指令，按照题意进行不同的操作。例如，接收到的指令为开灯指令，则在要发送的
txdata 数组中，填充题目要求的提示信息"LED1 ON"，调用函数 HAL_UART_Transmit_
IT(&huart1,txdata,7)将提示信息发送到上位机，并且调用函数 HAL_GPIO_WritePin( )控制
LED1 亮。

8.4.3　本例代码

　　（1）串口发送数据代码。
　　main.c 代码如下：

```
#include "main.h"
#include "usart.h"
#include "gpio.h"
/* USER CODE BEGIN PD */
uint8_t txdata[] = {"hi,sdnuer~"};
/* USER CODE END PD */
```

```
void SystemClock_Config(void);
int main(void)
{
  HAL_Init();
  SystemClock_Config();
  MX_GPIO_Init();
  MX_USART1_UART_Init();
  /* USER CODE BEGIN WHILE */
  while (1)
  {
        if(sendflag)
        {
            //HAL_UART_Transmit(&huart1,txdata,sizeof(txdata),200);
            HAL_UART_Transmit_IT(&huart1,txdata,sizeof(txdata));
            sendflag = 0;
        }
    /* USER CODE END WHILE */
  }
}
void SystemClock_Config(void)
{
    ...//省略
}
void Error_Handler(void)
{
}
```

gpio.c 代码如下：

```
#include "gpio.h"
/* USER CODE BEGIN 0 */
uint8_t sendflag = 0;
/* USER CODE END 0 */
void MX_GPIO_Init(void)
{
  GPIO_InitTypeDef GPIO_InitStruct = {0};
  __HAL_RCC_GPIOC_CLK_ENABLE();
  __HAL_RCC_GPIOE_CLK_ENABLE();
  __HAL_RCC_GPIOA_CLK_ENABLE();
  HAL_GPIO_WritePin(LED1_GPIO_Port, LED1_Pin, GPIO_PIN_SET);
  GPIO_InitStruct.Pin = GPIO_PIN_13;
  GPIO_InitStruct.Mode = GPIO_MODE_IT_FALLING;
  GPIO_InitStruct.Pull = GPIO_PULLUP;
  HAL_GPIO_Init(GPIOC, &GPIO_InitStruct);
  GPIO_InitStruct.Pin = LED1_Pin;
```

```
GPIO_InitStruct.Mode = GPIO_MODE_OUTPUT_PP;
GPIO_InitStruct.Pull = GPIO_NOPULL;
GPIO_InitStruct.Speed = GPIO_SPEED_FREQ_LOW;
HAL_GPIO_Init(LED1_GPIO_Port, &GPIO_InitStruct);

HAL_NVIC_SetPriority(EXTI15_10_IRQn, 0, 0);
HAL_NVIC_EnableIRQ(EXTI15_10_IRQn);
}

/* USER CODE BEGIN 2 */
void HAL_GPIO_EXTI_Callback(uint16_t GPIO_Pin)
{

    if(GPIO_Pin == GPIO_PIN_13)
    {
        sendflag = 1;
    }

}
/* USER CODE END 2 */
```

gpio.h 代码如下：

```
#include "main.h"
/* USER CODE BEGIN Private defines */
extern uint8_t sendflag;
/* USER CODE END Private defines */
void MX_GPIO_Init(void);
```

（2）串口接收数据代码。

main.c 代码如下：

```
#include "main.h"
#include "usart.h"
#include "gpio.h"

void SystemClock_Config(void);
int main(void)
{
 HAL_Init();
 SystemClock_Config();
 MX_GPIO_Init();
 MX_USART1_UART_Init();

 /* USER CODE BEGIN 2 */
 HAL_UART_Receive_IT(&huart1,rxbuffer,2);
 /* USER CODE END 2 */

 /* USER CODE BEGIN WHILE */
 while (1)
```

```
{
    if(uart1flag==1)
    {
        if(receiveflag1 ==1)
        {
            if((probuffer[0]=='1')&&(probuffer[1]=='#'))
            {
                txdata[0] = 'L';
                txdata[1] = 'E';
                txdata[2] = 'D';
                txdata[3] = '1';
                txdata[4] = ' ';
                txdata[5] = 'O';
                txdata[6] = 'N';
                HAL_UART_Transmit_IT(&huart1,txdata,7);
                HAL_GPIO_WritePin(LED1_GPIO_Port,LED1_Pin,GPIO_PIN_RESET);
            }
            else if((probuffer[0]=='0')&&(probuffer[1]=='#'))
            {
                txdata[0] = 'L';
                txdata[1] = 'E';
                txdata[2] = 'D';
                txdata[3] = '1';
                txdata[4] = 'O';
                txdata[5] = 'F';
                txdata[6] = 'F';
                HAL_UART_Transmit_IT(&huart1,txdata,7);
                HAL_GPIO_WritePin(LED1_GPIO_Port,LED1_Pin,GPIO_PIN_SET);
            }
            else
            {
                txdata[0] = 'U';
                txdata[1] = 'N';
                txdata[2] = 'K';
                txdata[3] = 'N';
                txdata[4] = 'O';
                txdata[5] = 'W';
                txdata[6] = 'N';
                HAL_UART_Transmit_IT(&huart1,txdata,7);
            }
            receiveflag1 = 0;
        }
    }
/* USER CODE END WHILE */
```

```
    }
}

void SystemClock_Config(void)
{
...//省略
}

void Error_Handler(void)
{
}
```

gpio.c 代码如下：

```
#include "gpio.h"
/* USER CODE BEGIN 0 */
#include "usart.h"
#include <string.h>
uint8_t uart1flag=0;
uint8_t txdata[7];
/* USER CODE END 0 */

void MX_GPIO_Init(void)
{
  GPIO_InitTypeDef GPIO_InitStruct = {0};
  __HAL_RCC_GPIOC_CLK_ENABLE();
  __HAL_RCC_GPIOE_CLK_ENABLE();
  __HAL_RCC_GPIOA_CLK_ENABLE();
  HAL_GPIO_WritePin(LED1_GPIO_Port, LED1_Pin, GPIO_PIN_SET);
  GPIO_InitStruct.Pin = KEY1_Pin;
  GPIO_InitStruct.Mode = GPIO_MODE_IT_FALLING;
  GPIO_InitStruct.Pull = GPIO_NOPULL;
  HAL_GPIO_Init(KEY1_GPIO_Port, &GPIO_InitStruct);
  GPIO_InitStruct.Pin = LED1_Pin;
  GPIO_InitStruct.Mode = GPIO_MODE_OUTPUT_PP;
  GPIO_InitStruct.Pull = GPIO_NOPULL;
  GPIO_InitStruct.Speed = GPIO_SPEED_FREQ_LOW;
  HAL_GPIO_Init(LED1_GPIO_Port, &GPIO_InitStruct);
  HAL_NVIC_SetPriority(EXTI15_10_IRQn, 1, 0);
  HAL_NVIC_EnableIRQ(EXTI15_10_IRQn);
}

/* USER CODE BEGIN 2 */
void HAL_GPIO_EXTI_Callback(uint16_t GPIO_Pin)
{
    if(GPIO_Pin == KEY1_Pin)
```

```
    {
        uart1flag ^= 1;
    if(uart1flag)
        {
            txdata[0] = 'u';
            txdata[1] = 'a';
            txdata[2] = 'r';
            txdata[3] = 't';
            txdata[4] = 'o';
            txdata[5] = 'n';
            txdata[6] = ' ';
            HAL_UART_Transmit_IT(&huart1,txdata,7);
        }
        else
        {
            txdata[0] = 'u';
            txdata[1] = 'a';
            txdata[2] = 'r';
            txdata[3] = 't';
            txdata[4] = 'o';
            txdata[5] = 'f';
            txdata[6] = 'f';
            HAL_UART_Transmit_IT(&huart1,txdata,7);
        }
    }
}
/* USER CODE END 2 */
```

gpio.h 代码如下：

```
#include "main.h"
/* USER CODE BEGIN Private defines */
extern uint8_t uart1flag;
extern uint8_t txdata[7];
/* USER CODE END Private defines */
void MX_GPIO_Init(void);
```

usart.c 代码如下：

```
#include "usart.h"

/* USER CODE BEGIN 0 */
uint8_t rxbuffer[2];
uint8_t probuffer[2];
uint8_t receiveflag1 = 0;
/* USER CODE END 0 */


UART_HandleTypeDef huart1;
```

```
void MX_USART1_UART_Init(void)
{
  huart1.Instance = USART1;
  huart1.Init.BaudRate = 115200;
  huart1.Init.WordLength = UART_WORDLENGTH_8B;
  huart1.Init.StopBits = UART_STOPBITS_1;
  huart1.Init.Parity = UART_PARITY_NONE;
  huart1.Init.Mode = UART_MODE_TX_RX;
  huart1.Init.HwFlowCtl = UART_HWCONTROL_NONE;
  huart1.Init.OverSampling = UART_OVERSAMPLING_16;
  if (HAL_UART_Init(&huart1) != HAL_OK)
  {
    Error_Handler();
  }
}


void HAL_UART_MspInit(UART_HandleTypeDef* uartHandle)
{
  GPIO_InitTypeDef GPIO_InitStruct = {0};
  if(uartHandle->Instance==USART1)
  {
    __HAL_RCC_USART1_CLK_ENABLE();
    __HAL_RCC_GPIOA_CLK_ENABLE();
    GPIO_InitStruct.Pin = TX1_Pin;
    GPIO_InitStruct.Mode = GPIO_MODE_AF_PP;
    GPIO_InitStruct.Speed = GPIO_SPEED_FREQ_HIGH;
    HAL_GPIO_Init(TX1_GPIO_Port, &GPIO_InitStruct);
    GPIO_InitStruct.Pin = RX1_Pin;
    GPIO_InitStruct.Mode = GPIO_MODE_INPUT;
    GPIO_InitStruct.Pull = GPIO_NOPULL;
    HAL_GPIO_Init(RX1_GPIO_Port, &GPIO_InitStruct);
    HAL_NVIC_SetPriority(USART1_IRQn, 1, 0);
    HAL_NVIC_EnableIRQ(USART1_IRQn);
  }
}

void HAL_UART_MspDeInit(UART_HandleTypeDef* uartHandle)
{
  if(uartHandle->Instance==USART1)
  {
    __HAL_RCC_USART1_CLK_DISABLE();
    HAL_GPIO_DeInit(GPIOA, TX1_Pin|RX1_Pin);
    HAL_NVIC_DisableIRQ(USART1_IRQn);
  }
```

```
}

/* USER CODE BEGIN 1 */
void HAL_UART_RxCpltCallback(UART_HandleTypeDef *huart)
{
    if(huart->Instance == USART1)
    {
        for(uint8_t i = 0;i<2;i++)
        {
            probuffer[i] = rxbuffer[i];
        }
        receiveflag1 =1;
        HAL_UART_Receive_IT(&huart1,rxbuffer,2);
    }
}
/* USER CODE END 1 */
```

usart.h 代码如下：

```
#include "main.h"
extern UART_HandleTypeDef huart1;

/* USER CODE BEGIN Private defines */
extern uint8_t rxbuffer[2];
extern uint8_t probuffer[2];
extern uint8_t receiveflag1;
/* USER CODE END Private defines */

void MX_USART1_UART_Init(void);
```

本章小结

本章介绍了数据通信基本概念、USART 工作原理、USART 相关的 HAL 库函数等内容。通过实例介绍了串口发送数据、串口接收数据的编程思路与方法。

思考与练习

1. 什么是串行通信，什么是并行通信，两者的区别有哪些？
2. 配置 STM32F103 系列微控制器的串口时需要设置哪些串口的基本参数？
3. 在串口的 HAL 驱动中，串口发送完成的中断回调函数是什么？
4. 如果开启串口中断接收数据，需要调用哪个函数？

第 9 章

模拟数字转换器

模拟数字转换器（Analog-to-Digital Converter，ADC），也称模数转换器，是将一种连续变化的模拟信号转换为离散的数字信号的电子器件。ADC 在嵌入式系统中应用广泛，它是以数字处理为中心的嵌入式系统与现实模拟世界沟通的桥梁。有了 ADC，微控制器如同多了一双观察模拟世界的眼睛，具有了模拟输入功能。

9.1　ADC 概述

在嵌入式应用系统中常需要将检测到的连续变化的模拟量（如电压、温度、压力、流量、速度等）转换成数字信号，才能将其输入微控制器中进行处理，然后再将处理结果的数字量转换成模拟量输出，实现对被控对象的控制。

9.1.1　ADC 的基本原理

ADC 进行模数转换一般包含三个关键步骤，即采样、量化、编码。

1. 采样

采样是在间隔为 T、$2T$、$3T$……时刻抽取被测模拟信号幅值的过程。模拟信号采样如图 9-1 所示。相邻两个采样时间的间隔 T 也被称为采样周期。

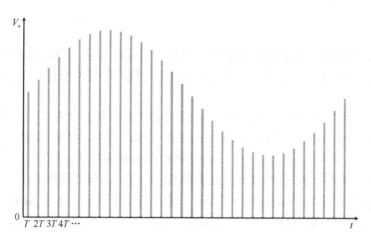

图 9-1　模拟信号采样

为了能正确无误地使用采样信号 V_s 表示模拟信号 V_i，采样信号必须有足够高的频率，即采样周期 T 足够小。同时，随着 ADC 采样频率提高，留给每次转换进行量化和编码的时间会相应缩短，这就要求相关电路必须具备更快的工作速度。因此，不能无限制地提高采样频率。

2. 量化

对模拟信号进行采样后可以得到一个时间上离散的脉冲信号序列，但每个脉冲的幅度仍然是连续的。然而，CPU 所能处理的数字信号不仅在时间上是离散的，而且数值大小的变化也是不连续的，因此必须把采样后每个脉冲的幅度进行离散化处理，得到被 CPU 处理的离散数值，这个过程就称为量化。

为了实现离散化处理，可以用指定的最小单位将纵轴划分为若干个（通常是 2^n 个）区间，然后确定每个采样脉冲的幅度落在哪个区间内，即每个时刻的采样电压表示为指定的最小单位的整数倍，这个指定的最小单位就叫作量化单位，用 Δ 表示。

显然，在纵轴上划分的区间越多，量化单位就越小，所表示的电压值也越准确。为了便于使用二进制编码量化后的离散数值，通常将纵轴划分为 2^n 个区间，于是量化后的离散数值可用 n 位二进制数表示，故也被称为 n 位量化。常用的量化有 8 位量化、12 位量化和 16 位量化等。

既然每个时刻的采样电压是连续的，那么它就不一定能被 Δ 整除，因此量化过程不可避免地会产生误差，这种误差称为量化误差。显然，在纵轴上划分的区间越多，即量化级数或量化位数越多，量化单位就越小，与此对应，量化误差也越小。

3. 编码

把量化的结果用二进制表示出来的过程称为编码。而且，一个 n 位量化的结果值恰好用一个 n 位二进制数表示。这个 n 位二进制数就是 ADC 转换完成后的输出结果。

9.1.2 ADC 的性能参数

1. 量程

量程（Full Scale Range，FSR）是指 ADC 所能转换的模拟输入电压的范围，分为单极性和双极性两种类型。例如，单极性的量程为 $0 \sim +3.3V$、$0 \sim +5V$ 等；双极性的量程为 $-5 \sim +5V$、$-12 \sim +12V$ 等。

2. 分辨率

分辨率（Resolution）是指 ADC 所能分辨的最小模拟输入量，反映 ADC 对输入信号微小变化的响应能力。分辨率小于最小变化量的输入模拟电压产生任何变化都不会引起 ADC 输出数字值的变化。

由此可见，分辨率是 ADC 数字输出一个最小量时输入模拟信号对应的变化量，通常用 ADC 数字输出的最低有效位（Least Significant Bit，LSB）所对应的模拟输出电压值来表示。分辨率由 ADC 的量化位数 n 决定，一个 n 位 ADC 的分辨率等于 ADC 的满量程与 2 的 n 次方的比值。分辨率是进行 ADC 选择时重要的参考指标之一。但要注意的是，选择 ADC 时，并非分辨率越高越好。在无须高分辨率的场合，如果选用了高分辨率的 ADC，所采样到的大多是噪声。反之，如果选用分辨率太低的 ADC，则会无法采样到所需的信号。

3．精度

精度（Accuracy）是指对于 ADC 的数字输出（二进制代码），其实际需要的模拟输入值与理论上要求的模拟输入值之差。需要注意的是，精度和分辨率是两个不同的概念，不要把两者混淆。通俗地说，精度是用来描述物理量的准确程度的，而分辨率是用来描述刻度大小的。举个例子，一把量程为 10cm 的尺子，上面有 100 个刻度，最小能读出 1mm 的有效值，那么就说这把尺子的分辨率是 1mm 或最小能读出的有效值为量程的 1%，而它实际的精度就不得而知了（不一定是 1mm）。而对于一个 ADC 来说，即使它的分辨率很高，也有可能由于温度漂移、线性度等原因，导致其精度不高。影响 ADC 精度的因素除了前面讲过的量化误差，还有非线性误差、零点漂移误差和增益误差等。ADC 实际输出与理论输出之差是这些误差共同作用的结果。

4．转换时间

转换时间（Conversion Time）是 ADC 完成一次 AD 转换所需要的时间，是指从启动 ADC 开始到获得相应数据所需要的总时间。ADC 的转换时间等于 ADC 采样时间加上 ADC 量化和编码时间。通常，对于一个 ADC 来说，它的量化和编码时间是固定的，而采样时间可根据被测信号的不同而灵活设置，但必须符合采样定律中的规定。

9.1.3　ADC 的主要类型

ADC 的种类很多，按转换原理可分为逐次逼近式、双积分式和 V/F 变化式。

1．逐次逼近式

逐次逼近式属于直接式 ADC，其原理可理解为将输入模拟量逐次与 $U_{REF}/2$、$U_{REF}/4$、$U_{REF}/8$……$U_{REF}/2^{N-1}$ 进行比较，模拟量大于比较值取 1（并减去比较值），否则取 0。逐次逼近式 ADC 转换精度高，速度较快，价格适中，是目前种类最多、应用最广的 ADC 之一，典型的 8 位逐次逼近式 ADC 有 ADC0809。

2．双积分式

双积分式是一种间接式 ADC，其原理是将输入模拟量和基准量通过积分器积分，转换为时间，再对时间计数，计数值即数字量。其优点是转换精度高，缺点是转换时间较长，一般要40~50ms，适用于转换速度不快的场合。典型的双积分式 ADC 有 MC14433 和 ICL7109。

3．V/F 变换式

V/F 变换式也是一种间接式 ADC，其原理是将模拟量转换为频率信号，再对频率信号计数，转换为数字量。其特点是转换精度高，抗干扰性强，便于长距离传送，廉价，但转换速度偏低。

9.2　STM32F103 系列微控制器的 ADC 工作原理

STM32F103 系列微控制器内部集成了 1~3 个 12 位逐次逼近型模拟数字转换器。它有多达 18 个通道，可测量 16 个外部模拟信号和 2 个内部信号源。各通道的 AD 转换可以单次、连续、扫描或间断等模式执行。ADC 的结果可以左对齐或右对齐方式存储在 16 位数据寄存器中。

9.2.1　主要特征

STM32F103 系列微控制器中的 ADC 的主要特征如下。

（1）12 位分辨率。

（2）转换结束、注入转换结束和发生模拟看门狗事件时产生中断。

（3）单次和连续转换模式。

（4）从通道 0 到通道 n 的自动扫描模式。

（5）自校准。

（6）带内嵌数据一致性的数据对齐。

（7）采样间隔可以按通道分别编程。

（8）规则转换和注入转换均有外部触发选项。

（9）间断模式。

（10）双重模式（带两个或以上 ADC 的器件）。

（11）ADC 转换时间：时钟为 56MHz 时，ADC 最短转换时间为 1μs。

（12）ADC 供电要求：2.4～3.6V。

（13）ADC 输入范围：$V_{REF-} \leq V_{IN} \leq V_{REF+}$。

（14）规则通道转换期间有 DMA 请求产生。

9.2.2　内部结构

STM32F103 系列微控制器的 ADC 部分引脚说明如表 9-1 所示，其中 V_{DDA} 和 V_{SSA} 应该分别连接到 V_{DD} 和 V_{SS}。

表 9-1　ADC 部分引脚说明

名　称	信 号 类 型	备　注
V_{REF+}	输入，模拟参考正极	$2.4V \leq V_{REF+} \leq V_{DDA}$
V_{DDA}	输入，模拟电源	$2.4V \leq V_{DDA} \leq V_{DD}$（3.6V）
V_{REF-}	输入，模拟参考负极	$V_{REF-} = V_{SSA}$
V_{SSA}	输入，模拟电源地	等效于 V_{SS} 的模拟电源地
ADCx_IN[15：0]	模拟输入信号	16 个模拟输入通道

STM32F103 系列微控制器的 ADC 的核心为模拟至数字转换器，它由软件或硬件触发，在 ADC 时钟 ADCLK 的驱动下对规则通道或注入通道中的模拟信号进行采样、量化和编码。ADC 的 12 位转换结果可以以左对齐或右对齐的方式存放在 16 位数据寄存器当中。

根据转换通道不同，数据寄存器可以分为规则通道数据寄存器和注入通道数据寄存器。由于 STM32F103 系列微控制器的 ADC 只有一个规则通道数据寄存器，因此如果需要对多个规则通道的模拟信号进行转换，就要经常使用 DMA 方式将转换结果自动传输到内存变量中。

9.2.3　通道及分组

STM32F103 系列微控制器最多有 18 个模拟输入通道，可测量 16 个外部模拟信号和 2 个内部信号源，其 ADC 通道分配表如表 9-2 所示。

表 9-2　ADC 通道分配表

通　　道	ADC1	ADC2	ADC3
通道 0	PA0	PA0	PA0
通道 1	PA1	PA1	PA1
通道 2	PA2	PA2	PA2
通道 3	PA3	PA3	PA3
通道 4	PA4	PA4	PF6
通道 5	PA5	PA5	PF7
通道 6	PA6	PA6	PF8
通道 7	PA7	PA7	PF9
通道 8	PB0	PB0	PF10
通道 9	PB1	PB1	—
通道 10	PC0	PC0	PC0
通道 11	PC1	PC1	PC1
通道 12	PC2	PC2	PC2
通道 13	PC3	PC3	PC3
通道 14	PC4	PC4	—
通道 15	PC5	PC5	—
通道 16	温度传感器		
通道 17	内部参考电压	—	—

STM32F103 系列微控制器的 ADC 根据优先级把所有通道分为两个组：规则通道组和注入通道组。在任意多个通道上以任意顺序进行的一系列转换构成成组转换。例如，可以按如下顺序完成转换：通道 9、通道 3、通道 7、通道 4、通道 1、通道 5。

1. 规则通道组

划分到规则通道组（Group of Regular Channel）中的通道称为规则通道。一般情况下，如果仅是一般模拟输入信号的转换，那么将该模拟输入信号的通道设置为规则通道即可。规则通道组最多可以有 16 个规则通道，当每个规则通道转换完成后，将转换结果保存到同一个规则通道数据寄存器，同时产生 ADC 转换结束事件，可以产生对应的中断和 DMA 请求。

2. 注入通道组

划分到注入通道组（Group of Injected Channel）中的通道称为注入通道。如果需要转换的模拟输入信号的优先级较其他的模拟输入信号要高，那么可以将该模拟输入信号的通道归入注入通道组中。

注入通道组最多可以有 4 个注入通道，与此对应，也有 4 个注入通道数据寄存器来保存注入通道的转换结果。当每个注入通道转换完成后，产生 ADC 注入转换结束事件，并且可以产生对应的中断，但不具备 DMA 传输能力。

3. 通道组划分

规则通道相当于正常运行的程序，而注入通道就相当于中断。在程序正常执行的时候，中断是可以打断执行的。与此类似，注入通道的转换可以打断规则通道的转换，在注入通道被转换完成之后，规则通道才得以继续转换。

举例说明：假如某人在院子内放了 5 个温度探头，在室内放了 2 个温度探头；需要时刻监视室外温度，偶尔想看看室内的温度，可以使用规则通道组循环扫描室外的 5 个温度探头并显示 AD 转换结果，通过一个按钮启动注入转换组（2 个室内温度探头）并暂时显示室内温度，当放开这个按钮后，系统又会回到规则通道组继续检测室外温度。从系统设计上讲，测量并显示室内温度的过程中断了测量并显示室外温度的过程，但在程序设计上可以在初始化阶段分别设置好不同的转换组，系统运行中不必再变更循环转换的配置，从而达到两个任务互不干扰和快速切换的效果。可以设想一下，如果没有规则通道组和注入通道组的划分，当按下按钮后，系统需要重新配置 AD 循环扫描的通道，然后在释放按钮后需再次配置 AD 循环扫描的通道。

上面的例子因为速度较慢，不能完全体现这样区分（规则通道组和注入通道组）的好处，但在工业应用领域中有很多检测和监视探头需要快速处理，这样对 AD 转换的分组将简化事件处理的程序并提高事件处理的速度。

9.2.4　时序图

ADC 转换时序图如图 9-2 所示，ADC 在开始精确转换前需要一个稳定时间。在开始 ADC 转换和 14 个时钟周期后，EOC 标志被设置，16 位 ADC 数据寄存器中则包含了转换的结果。

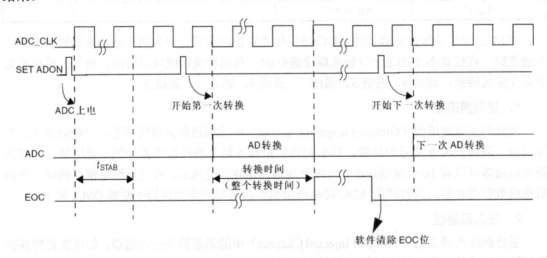

图 9-2　ADC 转换时序图

9.2.5　数据对齐

ADC_CR2 寄存器中的 ALIGN 位用来选择转换后数据存储时的对齐方式。数据可以左对齐或右对齐（见图 9-3 和图 9-4）。注入通道组通道转换的数据值已经减去了在 ADC_JOFRx 寄存器中定义的偏移量，因此结果可以是一个负值。SEXT 位是扩展的符号值。对于规则通道组，不需减去偏移值，因此只有 12 个位有效。

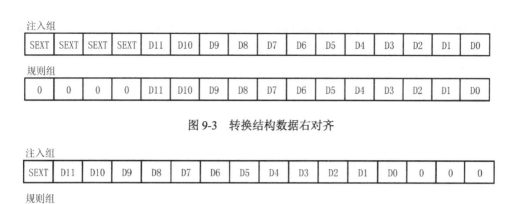

注入组

SEXT	SEXT	SEXT	SEXT	D11	D10	D9	D8	D7	D6	D5	D4	D3	D2	D1	D0

规则组

0	0	0	0	D11	D10	D9	D8	D7	D6	D5	D4	D3	D2	D1	D0

图 9-3 转换结构数据右对齐

注入组

SEXT	D11	D10	D9	D8	D7	D6	D5	D4	D3	D2	D1	D0	0	0	0

规则组

D11	D10	D9	D8	D7	D6	D5	D4	D3	D2	D1	D0	0	0	0	0

图 9-4 转换结构数据左对齐

9.2.6 校准

ADC 内置一个自校准模式。校准可大幅度减小因内部电容器组的变化而造成的准确度误差。在校准期间,在每个电容器上都会计算出一个误差修正码(数字值),这个码用于消除在随后的转换中每个电容器上产生的误差。

可以设置用 ADC_CR2 寄存器的 CAL 位启动校准。一旦校准结束,CAL 位被硬件复位,则可以开始正常转换。建议在上电时执行一次 ADC 校准。校准阶段结束后,校准码存储在 ADC_DR 中。

9.2.7 转换时间

STM32F103 系列微控制器 ADC 的转换时间 T_{cow} = 采样时间+量化编码时间,其中量化编码时间固定为 12.5 个 ADC 时钟周期。采样时间可以通过 ADC_SMPR1 和 ADC_SMPR2 寄存器中的 SMP[2:0]位更改。每个通道可以分别用不同的时间采样,可以是 1.5 个、7.5 个、13.5 个、28.5 个、41.5 个、56.5 个、71.5 个或 239.5 个 ADC 时钟周期。采样时间的具体取值根据实际被测信号而定,必须符合采样定理要求。

例如,当 ADCCLK = 14MHz 时,采样时间为 1.5 周期。

$$T_{conv} = 1.5 + 12.5 = 14 \text{ 周期} = 1\mu s$$

9.2.8 转换模式

ADC 转换模式用于指定 ADC 以什么方式组织通道转换,主要有单次转换模式、连续转换模式、扫描模式和间断模式等。

1. 单次转换模式

在单次转换模式下,ADC 只执行一次转换。该模式既可通过设置 ADC_CR2 寄存器的 ADON 位(只适用于规则通道)启动也可通过外部触发启动(适用于规则通道或注入通道),这时 CONT 位为 0。单次转换完成后,将根据两种不同情况进行相应处理,两种情况如下。

(1)如果一个规则通道被转换:转换数据被存储在 16 位 ADC_DR 寄存器中,EOC(转换结束)标志被设置,如果设置了 EOCIE,则产生中断。

（2）如果一个注入通道被转换：转换数据被存储在 16 位 ADC_DRJ1 寄存器中，JEOC（注入转换结束）标志被设置，如果设置了 JEOCIE 位，则产生中断。

经过上面描述的处理过程，转换完成，然后 ADC 停止。

2．连续转换模式

在连续转换模式中，当前面 AD 转换一结束马上就启动另一次 AD 转换。此模式可通过外部触发启动或通过设置 ADC_CR2 寄存器上的 ADON 位启动，此时 CONT 位是 1。

连续转换完成后，将根据两种不同情况进行相应处理，两种情况与单次转换相同。

3．扫描模式

此模式用来扫描一组模拟通道。扫描模式可通过设置 ADCCR1 寄存器的 SCAN 位来选择。一旦这个位被设置，ADC 将扫描所有被 ADC_SQRX 寄存器（对规则通道）或 ADC_JSQR（对注入通道）选中的通道，在每个组的每个通道上执行单次转换。在每个转换结束时，同一组的下一个通道被自动转换。如果设置了 CONT 位，转换不会在选择组的最后一个通道上停止，而是再次从选择组的第一个通道继续转换。如果设置了 DMA 位，在每次 EOC 后，DMA 控制器把规则组通道的转换数据传输到 SRAM 中。而注入通道转换的数据总是存储在 ADC_JDRx 寄存器中。

4．间断模式

1）对于规则通道组

此模式通过设置 ADC_CR1 寄存器上的 DISCEN 位激活。它可以用来执行一个短序列的 n 次转换（$n \leq 8$），此转换是 ADC_SQRx 寄存器所选择的转换序列的一部分。数值 n 由 ADC_CR1 寄存器的 DISCNUM[2：0]位给出。

一个外部触发信号可以启动 ADC_SQRx 寄存器中描述的下一轮 n 次转换，直到此序列所有的转换完成为止。总的序列长度由 ADC_SQR1 寄存器的 L[3：0]定义。

举例如下。

$n=3$，被转换的通道=0、1、2、3、6、7、9、10。

第一次触发：转换的序列为 0、1、2。

第二次触发：转换的序列为 3、6、7。

第三次触发：转换的序列为 9、10，并产生 EOC 事件。

第四次触发：转换的序列为 0、1、2。

注意：

（1）当用间断模式转换一个规则组时，转换序列结束后不自动从头开始；

（2）当所有子组被转换完成，下一次触发就启动第一个子组的转换。在上面的例子中，第四次触发就重新转换了第一子组的通道 0、1 和 2。

2）对于注入通道组

此模式通过设置 ADC_CR1 寄存器的 JDISCEN 位激活。在一个外部触发事件后，该模式按通道顺序逐个转换 ADC_JSQR 寄存器中选择的序列。

一个外部触发信号可以启动 ADC_JSQR 寄存器选择的下一个通道序列的转换，直到序列中所有的转换完成为止。总的序列长度由 ADC_JSQR 寄存器的 JL[1：0]位定义。

举例如下。

n=1，被转换的通道=1、2、3。

第一次触发：通道 1 被转换。

第二次触发：通道 2 被转换。

第三次触发：通道 3 被转换，并且产生 EOC 和 JEOC 事件。

第四次触发：通道 1 被转换。

注意：

（1）当完成所有注入通道转换，下一次触发就启动第一个注入通道的转换。在上述例子中，第四个触发就重新转换了第一个注入通道 1。

（2）不能同时使用自动注入和间断模式。

（3）必须避免同时为规则和注入组设置间断模式，间断模式只能作用于一组转换。

9.2.9　外部触发转换

转换可以由外部事件触发（如定时器捕获，EXTI 线）。如果设置了 EXTTRIG 控制位，则外部事件就能够触发转换。EXTSEL[2：0]和 JEXTSEL[2：0]控制位允许应用程序选择八个可能的事件中的某一个用来触发规则和注入组的采样。

表 9-3 所示为 ADC1 和 ADC2 用于规则通道的外部触发事件，其余外部触发事件信息，读者可自行查阅 STM32 系列微控制器中文参考手册。

表 9-3　ADC1 和 ADC2 用于规则通道的外部触发事件

触 发 源	类 型	EXTSEL[2：0]
TIM1_CC1 事件	来自片上定时器的内部信号	000
TIM1_CC2 事件		001
TIM1_CC3 事件		010
TIM2_CC2 事件		011
TIM3_TRGO 事件		100
TIM4_CC4 事件		101
EXTI 线 11/TIM8_TRGO	外部引脚/来自片上定时器的内部信号	110
SWSTART	软件控制位	111

9.2.10　中断和 DMA

1. 中断

规则通道组和注入通道组转换结束时能产生中断，当模拟看门狗状态位被设置时也能产生中断，它们都有独立的中断使能位。ADC1 和 ADC2 的中断映射在同一个中断向量上，而 ADC3 的中断有自己的中断向量。表 9-4 所示为 STM32F103 系列微控制器的 ADC 中断事件，表中给出了 STM32F103 系列微控制器的 ADC 中断事件的事件标志位和使能控制位。

表 9-4　STM32F103 系列微控制器的 ADC 中断事件

中 断 事 件	事件标志位	使能控制位
规则通道组转换结束	EOC	EOCIE
注入通道组转换结束	JEOC	JEOCIE
设置了模拟看门狗状态位	AWD	AWDIE

2．DMA

因为规则通道转换的值存储在一个仅有的数据寄存器中，所以当转换多个规则通道时需要使用 DMA，这可以避免丢失已经存储在 ADC_DR 寄存器中的数据。只有在规则通道的转换结束时才产生 DMA 请求，并将转换的数据从 ADC_DR 寄存器传输到用户指定的目的地址。而 4 个注入通道有 4 个数据寄存器，可以用来存储每个注入通道的转换结果，因此注入通道无须 DMA 功能，只有 ADC1 和 ADC3 拥有 DMA 功能。由 ADC2 转化的数据可以通过双 ADC 模式，利用 ADC1 的 DMA 功能传输。

9.3　ADC 相关的 HAL 驱动

ADC 常用的函数如表 9-5 所示。

表 9-5　ADC 常用的函数

函 数 名	功 能 描 述
HAL_ADC_Init( )	ADC 初始化，设置 ADC 的参数
HAL_ADC_MspInit( )	在 HAL_ADC_Init( )中被调用的 ADC 初始化的 MSP 弱函数
HAL_ADC_ConfigChannel( )	ADC 常规通道配置，一次配置一个通道
HAL_ADC_GetState( )	返回 ADC 当前状态
HAL_ADC_GetError( )	返回 ADC 的错误码
HAL_ADC_Start( )	启动 ADC 并开始常规通道的转换
HAL_ADC_Stop( )	停止常规通道的转换，并停止 ADC
HAL_ADC_PollForConversion( )	以轮询方式等待 ADC 常规通道转换完成
HAL_ADC_GetValue( )	读取常规通道转换结果寄存器的数据
HAL_ADC_Start_IT( )	开启中断，开始 ADC 常规通道的转换
HAL_ADC_Stop_IT( )	关闭中断，停止 ADC 常规通道的转换
HAL_ADC_IRQHandler( )	ADC 中断 ISR 里调用的 ADC 中断通用处理函数

ADC 总体设置和常规通道相关的 HAL 驱动文件主要在文件 stm32f1xx_hal_adc.h 和 stm32f1xx_hal_adc.c 中。

1．ADC 初始化

函数 HAL_ADC_Init( )用于初始化 ADC，设置 ADC 的总体参数 。函数原型定义如下：

```
HAL_StatusTypeDef HAL_ADC_Init(ADC_HandleTypeDef* hadc);
```

其中 hadc 是 ADC_HandleTypeDef 结构体类型指针，是 ADC 外设对象指针。在 CubeMX 软件为 ADC 外设生成的用户程序文件 adc.c 中，CubeMX 软件会为 ADC 定义外设对象变量。

结构体 ADC_HandleTypeDef 的定义如下：

```
typedef struct __ADC_HandleTypeDef
```

```
{
    ADC_TypeDef     *Instance;              //ADC 寄存器基址
    ADC_InitTypeDef  Init;                  //ADC 参数
    DMA_HandleTypeDef *DMA_Handle;          //DMA 流对象指针
    HAL_LockTypeDef  Lock;                  //ADC 锁定对象
    __IO uint32_t   State;                  //ADC 状态
    __IO uint32_t   ErrorCode;              //ADC 错误码
}ADC_HandleTypeDef;
```

结构体 ADC_HandleTypeDef 的成员变量 Init 是 ADC_InitTypeDef 类型的结构体，它的定义如下：

```
typedef struct
{
    uint32_t DataAlign;                         //数据对齐方式，右对齐或左对齐
    uint32_t ScanConvMode;                      //是否使用扫描模式
    FunctionalState ContinuousConvMode;         //是否使用连续转换模式
    uint32_t NbrOfConversion;                   //转换通道个数
    FunctionalState DiscontinuousConvMode;      //是否使用非连续转换通道
    uint32_t NbrOfDiscConversion;               //非连续转换模式的通道个数
    uint32_t ExternalTrigConv;                  //外部触发转换信号源
}ADC_InitTypeDef;
```

2．常规转换通道配置

函数 HAL_ADC_ConfigChannel( )用于配置一个 ADC 常规通道，其函数原型定义如下：
```
HAL_StatusTypeDef HAL_ADC_ConfigChannel(ADC_HandleTypeDef* hadc,
                                ADC_ChannelConfTypeDef* sConfig);
```
参数 sConfig 是 ChannelConfTypeDef 结构体类型指针，用于设置通道的一些参数，结构体定义如下：
```
typedef struct
{
    uint32_t Channel;                   //输入通道号
    uint32_t Rank;                      //在 ADC 常规转换组里的编号
    uint32_t SamplingTime;              //采样时间，单位是 ADCCLK 周期数
}ADC_ChannelConfTypeDef;
```

3．软件启动转换

函数 HAL_ADC_Start( )用于以软件方式启动 ADC 常规通道的转换，软件启动转换后，需要调用函数 HAL_ADC_PollForConversion( )查询转换是否完成，转换完成后可调用函数 HAL_ADC_GetValue( )读出常规转换结果寄存器里的数据。如若再次转换，需要再次调用这三个函数启动转换，查询转换是否完成并读出转换结果。使用函数 HAL_ADC_Stop( )停止 ADC 常规通道转换。

软件启动转换的模式适用于单通道、低采样频率的 ADC 转换。

4．中断方式转换

当 ADC 设置为用定时器或外部信号触发时，函数 HAL_ADC_Start_IT( )用于启动转换，

这会开启 ADC 的中断。当 ADC 转换完成时会触发中断，在中断服务程序里，可以用 HAL_ADC_GetValue( )读出转换结果寄存器里的数据。函数 HAL_ADC_Stop_IT( )可以关闭中断，停止 ADC 转换。

中断服务程序的函数是 HAL_ADC_IRQHandler( )。

以下是 ADC 中断事件类型的宏定义。

```
#define ADC_IT_EOC     ADC_CR1_EOCIE      //规则通道转换结束事件
#define ADC_IT_JEOC    ADC_CR1_JEOCIE     //注入通道转换结束事件
#define ADC_IT_AWD     ADC_CR1_AWDIE      //模拟看门狗触发事件
```

ADC 中断通用处理函数 HAL_ADC_IRQHandler( )的内部会判断中断事件类型，并调用相应的回调函数，ADC 的中断事件类型及其对应的回调函数如表 9-6 所示。

表 9-6　ADC 的中断事件类型及其对应的回调函数

中断事件类型	回调函数
ADC_IT_EOC	HAL_ADC_ConvCpltCallback( )
ADC_IT_JEOC	HAL_ADCEx_InjectedConvCpltCallback( )
ADC_IT_AWD	HAL_ADC_LevelOutOfWindowCallback( )

用户可以设置转换完一个通道后就产生 EOC 事件，也可以设置为转换完规则组的所有通道之后产生 EOC 事件。

9.4　ADC 应用实例

9.4.1　读取光敏传感器数据

本例要求读取使用一个光敏传感器，光敏传感器的电路图如图 9-5 所示。

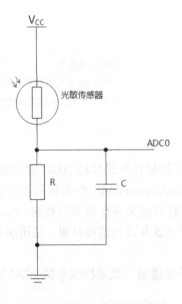

图 9-5　光敏传感器的电路图

图 9-5 中的 ADC0 与微控制器的 PA0 引脚连接，要求使用 ADC 读取光敏传感器的数值。

打开 CubeMX 软件，在"Pinout & Configuration"标签下的"Categories"中单击第二行的"Analog"，在展开的项目中，找到"ADC1"，单击选中，这时会弹出"ADC1 Mode and Configuration"界面。ADC1 选择及参数配置界面如图 9-6 所示。

图 9-6　ADC1 选择及参数配置界面

在右侧展开的参数设置栏目中，首先在上方的"Mode"中勾选"IN0"。

Mode 下的 IN0 到 IN15 是 ADC1 的 16 个外部输入通道，因为在笔者使用的硬件中，是 PA0 引脚与之相连，所以只勾选 IN0。

然后在"Configuration"的"Parameter Settings"中设置参数。

（1）在"ADCs_Common_Settings"组，"Mode"只启用一个 ADC 时，只能选择"Independent mode"（独立模式）；如果启用两个或三个 ADC，则会出现其他工作模式的选项。

（2）在"ADC_Settings"组，有如下参数。

① Data Alignment：数据对齐方式，可选择"Right alignment"（右对齐）或"Left alignment"（左对齐）。

② Scan Conversion Mode：是否使用扫描转换模式。扫描模式用于一组输入通道的转换，如果启用扫描转换模式，则转换完一个通道后，ADC 会自动转换组内下一个通道，直到一组通道都转换完；如果同时启用了连续转换模式，ADC 会立即从组内第一个通道再开始转换。

③ Continuous Converison Mode：连续转换模式。启用连续转换模式后，ADC 结束一个转换后将立即启动一个新的转换。

④ Discontinuous Conversion Mode：非连续转换模式。这种模式一般用于外部触发时，将

一组输入通道分为多个短的序列，分批次转换。

本例选择了右对齐，扫描模式、连续转换模式、非连续转换模式均设置为 Disable。

（3）在"ADC_Regular_ConversionMode"组，有如下参数。

① Enable Regular Conversions：使能常规转换，本例为使能，即"Enable"。

② Number Of Conversion：规则转换序列的转换个数，最多 16 个，每个转换作为一个 Rank（级），这个数值不必等于输入模拟信号通道数。例如，本例只有一个 IN0 输入通道，但是转换个数也可设置为 2，只是每个转换的通道都选择 IN0，因此本例设置为"1"。

③ External Trigger Conversion Source：外部触发转换的信号源。本例选择为"Regular Conversion launched by software"（软件启动常规转换）。周期性采集时，一般选择定时器 TRGO 信号或捕获比较事件信号作为触发信号，还可以选择外部中断线信号作为触发信号。

④ Rank：规则组内每一个转换对应一个 Rank，每个 Rank 都需要设置 Channel（输入通道）和 Sampling Time（采样时间）。一个规则组有多个 Rank 时，Rank 的设置顺序就规定了转换通道的序列。本例在此处未改变参数。

（4）在"ADC_Injected_ConversionMode"组中有用于设置注入转换序列的参数，本例未使用。

（5）在"WatchDog"组，如果启动用了模拟看门狗，就需要设置参数，本例未用。

参考第 4 章 4.1 节的配置方法，设置串口 1，系统时钟等，需注意，在"Clock Configuration"标签页下配置时钟参数时，需将 ADC_Prescaler 的分频系数设置为"/6"。

在 main.c 文件中，在函数 main( )前定义一个名为"vol"的变量用于存储读取的数据。

在函数 main( )内，运行开始后依次对系统进行初始化，然后在 while 循环里，将读取出的数据通过串口 1 发送到上位机。

函数 main( )相关代码如下：

```
/* USER CODE BEGIN 0 */
uint16_t vol = 0;
/* USER CODE END 0 */
int main(void)
{
  HAL_Init();
  SystemClock_Config();
  MX_GPIO_Init();
  MX_ADC1_Init();
  MX_USART1_UART_Init();

  /* USER CODE BEGIN WHILE */
  while (1)
  {
      HAL_Delay(500);
      vol=Get_Voltage();
      printf("vol=Get_Voltage  ===== %x \r\n",vol);
  /* USER CODE END WHILE */
  }
}
```

在 ad.c 中，定义一个函数 Get_Voltage( )，函数原型如下：

```
/* USER CODE BEGIN 1 */
uint16_t Get_Voltage(void)
{
    uint16_t voltage;
    uint16_t adcx=0;
    HAL_ADC_Start(&hadc1);                      //启动 ADC
    HAL_ADC_PollForConversion(&hadc1,10);       //等待采集完成
    adcx = HAL_ADC_GetValue(&hadc1);            //获取 ADC 采集到的数据
    voltage=(adcx*330)/4096;
    HAL_ADC_Stop(&hadc1);                       //停止 ADC
    return voltage;
}
/* USER CODE END 1 */
```

从代码中可以看出，在 while 循环中，每隔一段时间调用一次函数 Get_Voltage( )读取 ADC 采样数据，并赋值给 vol 变量；紧接着通过串口 1 将 vol 的值发送到上位机。

硬件连接好后，下载程序到开发板，打开计算机端的串口调试助手小工具，设置好参数，打开软件，这时就会收到开发板经 ADC 转换得到的数据。如果用手电筒等光源照射光敏传感器，在计算机上看到的数据就会变化。上位机串口调试助手调试界面如图 9-7 所示。

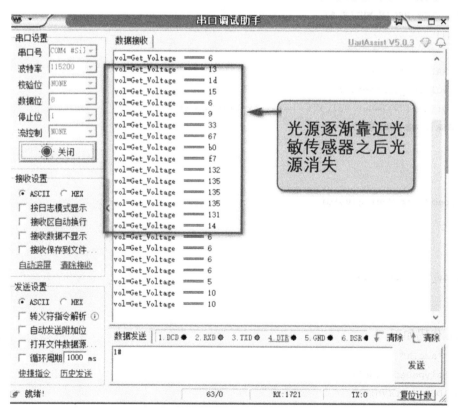

图 9-7 上位机串口调试助手调试界面

9.4.2 本例代码

main.c 代码如下：

```c
#include "main.h"
#include "adc.h"
#include "usart.h"
#include "gpio.h"

void SystemClock_Config(void);
/* USER CODE BEGIN 0 */
uint16_t vol = 0;
/* USER CODE END 0 */

int main(void)
{
  HAL_Init();
  SystemClock_Config();
  MX_GPIO_Init();
  MX_ADC1_Init();
  MX_USART1_UART_Init();

  /* USER CODE BEGIN WHILE */
  while (1)
  {
      HAL_Delay(500);
      vol=Get_Voltage();
      printf("vol=Get_Voltage ===== %x \r\n",vol);
    /* USER CODE END WHILE */
  }
}

void SystemClock_Config(void)
{
}

void Error_Handler(void)
{
}
```

adc.c 代码如下：

```c
#include "adc.h"
ADC_HandleTypeDef hadc1;
void MX_ADC1_Init(void)
{
  ADC_ChannelConfTypeDef sConfig = {0};
```

```
hadc1.Instance = ADC1;
hadc1.Init.ScanConvMode = ADC_SCAN_DISABLE;
hadc1.Init.ContinuousConvMode = DISABLE;
hadc1.Init.DiscontinuousConvMode = DISABLE;
hadc1.Init.ExternalTrigConv = ADC_SOFTWARE_START;
hadc1.Init.DataAlign = ADC_DATAALIGN_RIGHT;
hadc1.Init.NbrOfConversion = 1;
if (HAL_ADC_Init(&hadc1) != HAL_OK)
{
  Error_Handler();
}
sConfig.Channel = ADC_CHANNEL_0;
sConfig.Rank = ADC_REGULAR_RANK_1;
sConfig.SamplingTime = ADC_SAMPLETIME_1CYCLE_5;
if (HAL_ADC_ConfigChannel(&hadc1, &sConfig) != HAL_OK)
{
  Error_Handler();
}
}


void HAL_ADC_MspInit(ADC_HandleTypeDef* adcHandle)
{
  GPIO_InitTypeDef GPIO_InitStruct = {0};
  if(adcHandle->Instance==ADC1)
  {
    __HAL_RCC_ADC1_CLK_ENABLE();
    __HAL_RCC_GPIOA_CLK_ENABLE();
    GPIO_InitStruct.Pin = GPIO_PIN_0;
    GPIO_InitStruct.Mode = GPIO_MODE_ANALOG;
    HAL_GPIO_Init(GPIOA, &GPIO_InitStruct);
  }
}


void HAL_ADC_MspDeInit(ADC_HandleTypeDef* adcHandle)
{
  if(adcHandle->Instance==ADC1)
  {
    __HAL_RCC_ADC1_CLK_DISABLE();
    HAL_GPIO_DeInit(GPIOA, GPIO_PIN_0);
  }
}

/* USER CODE BEGIN 1 */
uint16_t Get_Voltage(void)
```

```
{
    uint16_t voltage;
    uint16_t adcx=0;
    HAL_ADC_Start(&hadc1);
    HAL_ADC_PollForConversion(&hadc1,10);
    adcx = HAL_ADC_GetValue(&hadc1);
    voltage=(adcx*330)/4096;
    HAL_ADC_Stop(&hadc1);
    return voltage;
}
/* USER CODE END 1 */
```

adc.h 代码如下：

```
#include "main.h"
extern ADC_HandleTypeDef hadc1;

/* USER CODE BEGIN Private defines */
uint16_t Get_Voltage(void);
/* USER CODE END Private defines */

void MX_ADC1_Init(void);
```

usart.c 代码如下：

```
#include "usart.h"

/* USER CODE BEGIN 0 */
#include <stdio.h>
int fputc(int ch, FILE *f)
{
  HAL_UART_Transmit(&huart1, (uint8_t*)&ch, 1, 10);
  return(ch);
}
/* USER CODE END 0 */

UART_HandleTypeDef huart1;
void MX_USART1_UART_Init(void)
{
  huart1.Instance = USART1;
  huart1.Init.BaudRate = 115200;
  huart1.Init.WordLength = UART_WORDLENGTH_8B;
  huart1.Init.StopBits = UART_STOPBITS_1;
  huart1.Init.Parity = UART_PARITY_NONE;
  huart1.Init.Mode = UART_MODE_TX_RX;
  huart1.Init.HwFlowCtl = UART_HWCONTROL_NONE;
  huart1.Init.OverSampling = UART_OVERSAMPLING_16;
  if (HAL_UART_Init(&huart1) != HAL_OK)
```

```
  {
    Error_Handler();
  }
}

void HAL_UART_MspInit(UART_HandleTypeDef* uartHandle)
{
    ...//省略
}

void HAL_UART_MspDeInit(UART_HandleTypeDef* uartHandle)
{
    ...//省略
}
```

本章小结

　　本章介绍了模拟数字转换器的定义，它是将一种连续变化的模拟信号转换为离散的数字信号的电子器件，常用来检测电压、温度、压力、流量、速度等。

　　本章介绍了 ADC 的内部结构、主要特征、HAL 驱动等，并通过实例配置 ADC 读取了光传感器的数据。

思考与练习

　　1．ADC 的精度是什么意思？

　　2．ADC 的分辨率是什么意思？

　　3．STM32F103VET6 这款微控制器有几个 ADC？

　　4．STM32F103VET6 这款微控制器的分辨率是多少位？

　　5．STM32F103VET6 这款微控制器的 ADC1 有多少个通道可以测量外部模拟信号？

第 **10** 章

IIC 通信

集成电路总线（Inter-Integrated Circuit，IIC），又称为 I²C 或 I2C，这种总线类型是由飞利浦公司（现为恩智浦公司）在 20 世纪 80 年代初设计出来的一种简单、双向、二线制、同步串行的总线，主要用来连接整体电路（ICS），IIC 是一种多向控制总线，也就是说多个微控制器可以连接到同一总线结构下，同时每个微控制器都可以作为实时数据传输的控制源。这种方式简化了信号传输总线接口。

10.1 IIC 通信原理

IIC 是飞利浦公司推出的一种用于 IC 器件之间连接的 2 线制串行扩展总线，它通过 2 条信号线（SDA，串行数据线；SCL，串行时钟线）在连接到总线上的器件之间传送数据，所有连接到总线的 IIC 器件都可以工作于发送方式或接收方式。

10.1.1 IIC 概述

IIC 的 SDA 和 SCL 是双向 I/O 线，必须通过上拉电阻接到正电源，当总线空闲时，2 线都是"高"。所有连接在 IIC 上的器件引脚必须是开漏或集电极开路输出，即具有"线与"功能。所有挂在总线上器件的 IIC 引脚接口也应该是双向的；SDA 输出电路用于发送总线上的数据，而 SDA 输入电路用于接收总线上的数据；主机通过 SCL 输出电路发送时钟信号，同时其本身的接收电路需检测总线上的 SCL 电平，以决定下一步的动作，从机的 SCL 输入电路接收总线时钟，并在 SCL 控制下向 SDA 发出或从 SDA 上接收数据，另外也可以通过拉低输出来延长总线周期。

IIC 允许连接多个器件，支持多主机通信。但为了保证数据传输可靠，任意一个时刻总线都只能由一台主机控制，其他设备此时均表现为从机。IIC 的运行（指数据传输过程）由主机控制。所谓主机控制，就是由主机发出启动信号和时钟信号，控制传输过程结束时发出停止信号等。每一个接到 IIC 上的设备或器件都有一个唯一独立的地址，以便于主机寻访。主机与从机之间的数据传输，可以是主机发送数据到从机，也可以是从机发送数据到主机。因此，在 IIC 协议中，除了使用主机、从机的定义，还使用了发送器、接收器的定义。发送器表示发送数据方，可以是主机也可以是从机，接收器表示接收数据方，同样也可以代表主机或代表从机。在 IIC 上一次完整的通信过程中，主机和从机的角色是固定的，SCL 时钟由主机发出，但发送器和接收器是不固定的，经常变化，这一点请读者特别留意，不要把它们混淆在一起。

10.1.2 IIC 的数据传送

1. 数据位的有效性规定

IIC 数据有效性规定如图 10-1 所示，IIC 进行数据传送时，时钟信号为高电平期间，数据线上的数据必须保持稳定，只有在时钟线上的信号为低电平期间，数据线上的高电平或低电平状态才允许变化。

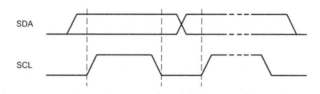

图 10-1　IIC 数据有效性规定

2. 起始和终止信号

IIC 规定，当 SCL 为高电平时，SDA 的电平必须保持稳定不变的状态，只有当 SCL 处于低电平时，才可以改变 SDA 的电平值，但起始信号和停止信号是特例。因此，当 SCL 处于高电平时，SDA 的任何跳变都会被识别成一个起始信号或停止信号。IIC 起始和终止信号如图 10-2 所示，SCL 为高电平期间，SDA 由高电平向低电平的变化表示起始信号；SCL 为低电平期间，SDA 由低电平向高电平的变化表示终止信号。

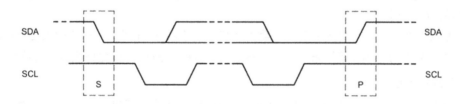

图 10-2　IIC 起始和终止信号

起始信号和终止信号都是由主机发出的，在起始信号产生后，总线就处于被占用的状态；在终止信号产生后，总线就处于空闲状态。连接到 IIC 上的器件若具有 IIC 的硬件接口，则很容易检测到起始信号和终止信号。

每当发送器件传输完一个字节的数据后，后面必须紧跟一个校验位，这个校验位是接收端通过控制 SDA 来实现的，以提醒发送端数据，这边已经接收完成，数据传送可以继续进行。

3. 数据传送格式——字节传送与应答

在 IIC 的数据传输过程中，发送到 SDA 上的数据以字节为单位，每个字节必须为 8 位，而且是高位（MSB）在前，低位（LSB）在后，每次发送数据的字节数量不受限制。但在这个数据传输过程中需要着重强调的是，每当发送方发送完一个字节后，就必须等待接收方返回一个应答响应信号，IIC 字节传送与应答如图 10-3 所示。响应信号宽度为 1 位，紧跟在 8 个数据位后面，所以发送一个字节的数据需要 9 个 SCL 时钟脉冲。响应时钟脉冲也是由主机产生的，主机在响应时钟脉冲期间释放 SDA，使其处在高电平上。

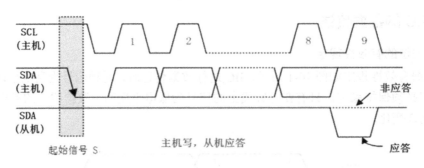

图 10-3　IIC 字节传送与应答

　　而在响应时钟脉冲期间，接收方需要将 SDA 拉低，使 SDA 在响应时钟脉冲高电平期间保持稳定的低电平，即有效应答信号（ACK 或 A），这表示接收器已经成功地接收了该字节数据。

　　如果在响应时钟脉冲期间，接收方没有将 SDA 拉低，使 SDA 在响应时钟脉冲高电平期间保持稳定的高电平，即非应答信号（NAK 或/A），这表示接收器接收该字节没有成功。

　　由于某种原因从机不对主机寻址信号应答时（如从机正在进行实时性的处理工作而无法接收总线上的数据），它必须将 SDA 置于高电平，而由主机产生一个终止信号以结束总线的数据传送。

　　如果从机对主机进行了应答，但在数据传送一段时间后无法继续接收更多的数据时，从机可以通过对无法接收的第一个数据字节的"非应答"通知主机，主机则应发出终止信号以结束数据的继续传送。

　　当主机接收数据时，它收到最后一个数据字节后，必须向从机发出一个结束传送的信号。这个信号是由对从机的"非应答"来实现的。然后，从机释放 SDA，以允许主机产生终止信号。

4．总线的寻址

　　挂在 IIC 上的器件可以很多，但相互间只有两根线（数据线和时钟线）连接，如何进行识别寻址呢？

　　具有 IIC 结构的器件在其出厂时已经给定了器件的地址编码。IIC 器件地址 SLA（以 7 位为例）格式如图 10-4 所示。

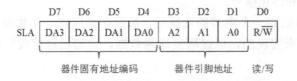

图 10-4　IIC 器件地址 SLA（以 7 位为例）格式

　　（1）DA3~DA0：4 位器件地址是 IIC 器件固有的地址编码，器件出厂时就已给定，用户不能自行设置。

　　（2）A2~A0：3 位引脚地址用于相同地址器件的识别。若 IIC 上挂有相同地址的器件，或同时挂有多片相同器件时，可用硬件连接方式对 3 位引脚 A2~A0 接 V_{CC} 或接地，形成地址数据。

　　（3）R/$\overline{W}$：用于确定数据传送方向。R/$\overline{W}$=1 时，主机接收（读）；R/$\overline{W}$=0 时，主机发

送（写）。

　　主机发送地址时，总线上的每个从机都将这 7 位地址码与自己的地址进行比较，如果相同，则认为自己正被主机寻址，根据 R/$\overline{\text{W}}$ 位将自己确定为发送器或接收器。

5. 数据帧格式

　　IIC 上传送的数据信号是广义的，既包括地址信号，又包括真正的数据信号。在起始信号后必须传送一个从机的地址（7 位），第 8 位是数据传送方向位（R/$\overline{\text{W}}$），用 0 表示主机发送数据，用 1 表示主机接收数据。每次数据传送总是由主机产生的终止信号结束。但是，若主机希望继续占用总线进行新的数据传送，则可以不产生终止信号，而是立即再次发出起始信号对另一从机进行寻址。

　　在总线的一次数据传送过程中，可以有以下几种组合方式。

　　1）主机向从机写数据

　　主机向从机写 n 个字节数据，数据传送方向在整个传送过程中不变。主机向从机写数据的 SDA 数据流如图 10-5 所示。有阴影部分表示数据由主机向从机传送，无阴影部分则表示数据由从机向主机传送。其中，A 表示应答，$\overline{\text{A}}$ 表示非应答（高电平），S 表示起始信号，P 表示终止信号。

图 10-5　主机向从机写数据的 SDA 数据流

　　如果主机要向从机传输一个或多个字节数据，在 SDA 上需经历以下过程。

　　（1）主机产生起始信号 S。

　　（2）主机发送寻址字节 SLAVE ADDRESS，其中的高 7 位表示数据传输目标的从机地址；最后 1 位是传输方向位，此时其值为 0，表示数据传输方向为从主机到从机。

　　（3）当某个从机检测到主机在 IIC 上广播的地址与它的地址相同时，该从机就被选中，并返回一个应答信号 A。没被选中的从机会忽略之后 SDA 上的数据。

　　（4）当主机收到来自从机的应答信号后，开始发送数据 DATA。主机每发送完一个字节，从机就产生一个应答信号。如果在 IIC 的数据传输过程中，从机产生了非应答信号 $\overline{\text{A}}$，则主机提前结束本次数据传输。

　　（5）当主机的数据发送完毕后，主机产生一个停止信号结束数据传输，或者产生一个重复起始信号进入下一次数据传输。

　　2）主机从从机读数据

　　主机从从机读 n 个字节数据时 SDA 上的数据流如图 10-6 所示。其中，有阴影部分表示数据由主机传输到从机，无阴影部分表示数据流由从机传输到主机。

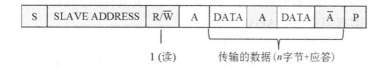

图 10-6　主机从从机读 n 个字节数据时 SDA 上的数据流

如果主机要从从机读取一个或多个字节数据，在 SDA 上需经历以下过程。

（1）主机产生起始信号 S。

（2）主机发送寻址字节 SLAVE ADDRESS，其中的高 7 位表示数据传输目标的从机地址；最后 1 位是传输方向位，此时其值为 1，表示数据传输方向是由从机到主机。寻址字节 SLAVE ADDRESS 发送完毕后，主机释放 SDA（拉高 SDA）。

（3）当某个从机检测到主机在 IIC 总线上广播的地址与它的地址相同时，该从机就被选中，并返回一个应答信号 A。没被选中的从机会忽略之后 SDA 上的数据。

（4）当主机收到应答信号后，从机开始发送数据 DATA。从机每发送完一个字节，主机就产生一个应答信号。当主机读取从机数据完毕或主机想结束本次数据传输时，可以向从机返回一个非应答信号 $\overline{A}$，从机即自动停止数据传输。

（5）当传输完毕后，主机产生一个停止信号结束数据传输，或者产生一个重复起始信号进入下一次数据传输。

3）主机和从机双向数据传送

在传送过程中，当需要改变传送方向时，起始信号和从机地址都被重复产生一次，但两次读/写方向位正好反向。IIC 的 SDA 上的数据流如图 10-7 所示。

| S | 从机地址 | 0 | A | 数据 | A/$\overline{A}$ | S | 从机地址 | 1 | A | 数据 | $\overline{A}$ | P |

图 10-7　IIC 的 SDA 上的数据流

主机和从机双向数据传送的数据传送过程是主机向从机写数据和主机由从机读数据的组合，故不再赘述。

6．传输速度

IIC 的标准传输速度为 100KB/s，快速传输速度可达 400KB/s，目前还增加了高速模式，最高传输速度可达 3.4MB/s。

10.2　STM32F103 系列微控制器的 IIC 接口

STM32F103 系列微控制器的 IIC 接口连接微控制器和 IIC，提供多主机功能，支持标准和快速两种传输速度，控制所有 IIC 特定的时序、协议、仲裁和定时，支持标准和快速两种模式，同时与 SMBus 2.0 兼容。IIC 接口有多种用途，包括 CRC 码的生成和校验、SMBus（System Management Bus，系统管理总线）和 PMBus（Power Management Bus，电源管理总线）。根据特定设备的需要，可以使用 DMA，以减轻 CPU 的负担。

10.2.1　STM32F103 系列微控制器的 IIC 接口主要特性

STM32F103 系列微控制器的小容量产品有 1 个 IIC 接口，中等容量产品和大容量产品有 2 个 IIC 接口。STM32F103 系列微控制器的 IIC 接口主要具有以下特性。

（1）所有的 IIC 接口都位于 APB1 总线。

（2）支持标准（100KB/s）和快速（400KB/s）两种传输速度。

（3）所有的 IIC 接口可工作于主模式或从模式，可以作为主发送器、主接收器、从发送器或从接收器。

（4）支持 7 位或 10 位寻址和广播呼叫。

（5）具有 3 个状态标志，分别为发送器/接收器模式标志、字节发送结束标志、总线忙标志。

（6）具有 2 个中断向量，1 个中断用于地址/数据通信成功，1 个中断用于错误。

（7）具有单字节缓冲器的 DMA。

兼容系统管理的总线为 SMBus2.0。

10.2.2　STM32F103 系列微控制器的 IIC 接口内部结构

STM32F103 系列微控制器的 IIC 接口内部结构从 SDA 和 SCL 展开，主要分为时钟控制、数据控制和控制逻辑电路等部分，负责实现 IIC 接口的时钟产生、数据收发、总线仲裁和中断、DMA 等功能，STM32F103 系列微控制器 IIC 接口内部结构如图 10-8 所示。

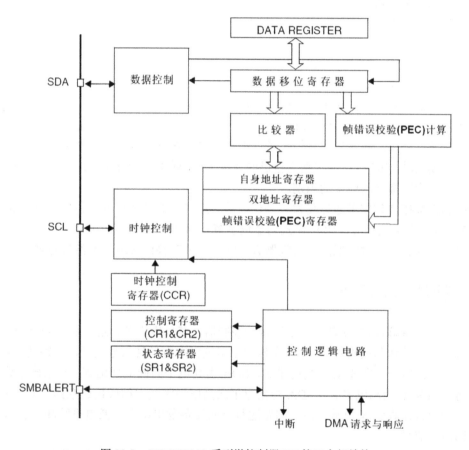

图 10-8　STM32F103 系列微控制器 IIC 接口内部结构

1. 时钟控制

时钟控制模块根据控制寄存器 CCR、CR1 和 CR2 中的配置产生 IIC 协议的时钟信号，即 SCL 上的信号。为了产生正确的时序，必须在 I2C_CR2 寄存器中设定 IIC 的输入时钟。当 IIC 工作在标准传输速度时，输入时钟的频率必须大于等于 2MHz；当 IIC 工作在快速传输速度时，输入时钟的频率必须大于等于 4MHz。

2. 数据控制

数据控制模块通过一系列控制架构，在将要发送数据的基础上，按照 IIC 接口的数据格式加上起始信号、地址信号、应答信号和停止信号，将数据一位一位从 SDA 上发送出去。读取数据时，则从 SDA 上的信号中提取出接收到的数据值。发送和接收的数据都被保存在数据寄存器中。

3. 控制逻辑电路

控制逻辑电路用于产生 IIC 中断和 DMA 请求。

10.2.3　STM32F103 系列微控制器的 IIC 接口模式选择

IIC 接口可以按下述 4 种模式中的一种运行：

（1）从发送器模式；

（2）从接收器模式；

（3）主发送器模式；

（4）主接收器模式。

该模块默认工作于从模式。接口在生成起始条件后自动从从模式切换到主模式；当仲裁丢失或产生停止信号时，则从主模式切换到从模式，允许多主机功能。

使用主模式时，IIC 接口启动数据传输并产生时钟信号。串行数据传输总是以起始条件开始并以停止条件结束。起始条件和停止条件都是在主模式下由软件控制产生的。

使用从模式时，IIC 接口能识别它自己的地址（7 位或 10 位）和广播呼叫地址。软件能够控制开启或禁止广播呼叫地址的识别。

数据和地址按 8 位字节进行传输，高位在前。跟在起始条件后的 1 位字节或 2 位字节是地址（7 位模式为 1 位字节，10 位模式为 2 位字节），地址只在主模式发送。在一个字节传输的 8 个时钟后的第 9 个时钟期间，接收器必须回送一个应答位（ACK）给发送器。

10.3　软件 IIC 驱动

通过前面的讲解可知，IIC 可用于连接微控制器及其外围设备，是由线 SDA 和 SCL 构成的串行总线，可发送和接收数据。IIC 在传送数据过程中有三种信号类型，分别是开始信号、结束信号、应答信号。当 SCL 为高电平时，SDA 由高电平向低电平跳变，开始传送数据，即开始信号；当 SCL 为高电平时，SDA 由低电平向高电平跳变，结束传送数据，即结束信号；接收数据的设备在收到 8 位数据后，向发送数据的设备发出特定的低电平脉冲，表示已收到数据，即应答信号。

本节将介绍 STM32F103 系列微控制器通过使用 IIC 通信技术读取温湿度传感器数据的方法，即读取温度值和湿度值。这里不使用 STM32F103 系列微控制器的硬件 IIC，而是通过软件模拟的方式，因为 STM32F103 系列微控制器的硬件 IIC 较为复杂，不那么稳定。

软件模拟 IIC 的最大好处就是方便移植，同一个代码兼容不同的 MCU，单片机只要有 I/O 口就可以很方便地移植过去。而硬件 IIC，不同的 MCU，代码不兼容，比较麻烦。

用户新建一组 IIC 文件，分别命名为"myiic.c"及"myiic.h"。需要时只需将这两个文件复制到工程目录下，并将文件添加到工程中，将与硬件有关的代码与需移植硬件匹配即可。

myiic.c 文件中的代码如下：

```c
#include "myiic.h"
#include "tim.h"

#define I2C_SCL_Pin GPIO_PIN_6
#define I2C_SCL_Port GPIOB
#define I2C_SDA_Pin GPIO_PIN_7
#define I2C_SDA_Port GPIOB

#define SDA_LOW() (HAL_GPIO_WritePin(I2C_SDA_Port, I2C_SDA_Pin, GPIO_PIN_RESET))
#define SDA_HIGH() (HAL_GPIO_WritePin(I2C_SDA_Port, I2C_SDA_Pin, GPIO_PIN_SET))
#define SDA_READ ((uint8_t)HAL_GPIO_ReadPin(I2C_SDA_Port, I2C_SDA_Pin))

#define SCL_LOW() (HAL_GPIO_WritePin(I2C_SCL_Port, I2C_SCL_Pin, GPIO_PIN_RESET))
#define SCL_HIGH() (HAL_GPIO_WritePin(I2C_SCL_Port, I2C_SCL_Pin, GPIO_PIN_SET))
#define SCL_READ   ((uint8_t)HAL_GPIO_ReadPin(I2C_SCL_Port, I2C_SCL_Pin))
#define I2C_INPUT  1
#define I2C_OUTPUT 0

void DelayMicroSeconds(uint32_t nbrOfUs)
{
    uint16_t startCnt = __HAL_TIM_GET_COUNTER(&htim6);
    while ((__HAL_TIM_GET_COUNTER(&htim6) - startCnt) <= nbrOfUs);
}

void I2C_SDAInOutInit(uint8_t InOut)
{
  GPIO_InitTypeDef GPIO_InitStruct = {0};
  GPIO_InitStruct.Pin = I2C_SDA_Pin;
  if(InOut != 1)
  {
    GPIO_InitStruct.Mode = GPIO_MODE_OUTPUT_OD;
  }
  else
  {
    GPIO_InitStruct.Mode = GPIO_MODE_INPUT;
  }
  GPIO_InitStruct.Pull = GPIO_PULLUP;
  GPIO_InitStruct.Speed = GPIO_SPEED_FREQ_HIGH;
  HAL_GPIO_Init(I2C_SDA_Port, &GPIO_InitStruct);
}

void I2C_SCLInOutInit(uint8_t InOut)
{
```

```
  GPIO_InitTypeDef GPIO_InitStruct = {0};
 GPIO_InitStruct.Pin = I2C_SCL_Pin;
 if(InOut != 1)
 {
   GPIO_InitStruct.Mode = GPIO_MODE_OUTPUT_OD;
 }
 else
 {
   GPIO_InitStruct.Mode = GPIO_MODE_INPUT;
 }
 GPIO_InitStruct.Pull = GPIO_PULLUP;
 GPIO_InitStruct.Speed = GPIO_SPEED_FREQ_HIGH;
 HAL_GPIO_Init(I2C_SCL_Port, &GPIO_InitStruct);
}

void I2C_Init(void)
{
GPIO_InitTypeDef GPIO_InitStruct = {0};
 __HAL_RCC_GPIOB_CLK_ENABLE();
 HAL_GPIO_WritePin(GPIOB, I2C_SCL_Pin|I2C_SDA_Pin, GPIO_PIN_SET);
 GPIO_InitStruct.Pin = I2C_SCL_Pin|I2C_SDA_Pin;
 GPIO_InitStruct.Mode = GPIO_MODE_OUTPUT_OD;
 GPIO_InitStruct.Pull = GPIO_PULLUP;
 GPIO_InitStruct.Speed = GPIO_SPEED_FREQ_HIGH;
 HAL_GPIO_Init(GPIOB, &GPIO_InitStruct);
}

void I2C_Start(void)
{
   SDA_HIGH();
   DelayMicroSeconds(1);
   SCL_HIGH();
   DelayMicroSeconds(1);
   SDA_LOW();
   DelayMicroSeconds(10);
   SCL_LOW();
   DelayMicroSeconds(10);
}

void I2C_Stop(void)
{
   SCL_LOW();
   DelayMicroSeconds(1);
   SDA_LOW();
```

```
    DelayMicroSeconds(1);
    SCL_HIGH();
    DelayMicroSeconds(10);
    SDA_HIGH();
    DelayMicroSeconds(10);
}


static etError I2C_WaitWhileClockStreching(uint8_t timeout)
{
    etError error = NO_ERROR;
    I2C_SCLInOutInit(I2C_INPUT);
    while(SCL_READ == 0)
    {
        if(timeout-- == 0) return TIMEOUT_ERROR;
        DelayMicroSeconds(1000);
    }
    I2C_SCLInOutInit(I2C_OUTPUT);
    return error;
}


etError I2C_WriteByte(uint8_t txByte)
{
    etError error = NO_ERROR;
    uint8_t mask;
    for(mask = 0x80; mask > 0; mask >>= 1)// shift bit for masking (8 times)
    {
        if((mask & txByte) == 0)
            SDA_LOW();
        else
            SDA_HIGH();
        DelayMicroSeconds(1);
        SCL_HIGH();
        DelayMicroSeconds(5);
        SCL_LOW();
        DelayMicroSeconds(1);
    }
    SDA_HIGH();
    SCL_HIGH();
    DelayMicroSeconds(1);
    I2C_SDAInOutInit(I2C_INPUT);
    if(SDA_READ)
            error = ACK_ERROR;
    SCL_LOW();
    DelayMicroSeconds(20);
```

```
    I2C_SDAInOutInit(I2C_OUTPUT);
    return error;
}


etError I2C_ReadByte(uint8_t *rxByte, etI2cAck ack, uint8_t timeout)
{
    etError error = NO_ERROR;
    uint8_t mask;
    *rxByte = 0x00;
    SDA_HIGH();
    I2C_SDAInOutInit(I2C_INPUT);
    for(mask = 0x80; mask > 0; mask >>= 1)
    {
        SCL_HIGH();
        DelayMicroSeconds(1);
        error = I2C_WaitWhileClockStreching(timeout);
        DelayMicroSeconds(3);
        if(SDA_READ) *rxByte |= mask;
        SCL_LOW();
        DelayMicroSeconds(1);
    }
    I2C_SDAInOutInit(I2C_OUTPUT);
    if(ack == ACK) SDA_LOW();
    else SDA_HIGH();
    DelayMicroSeconds(1);
    SCL_HIGH();
    DelayMicroSeconds(5);
    SCL_LOW();
    SDA_HIGH();
    DelayMicroSeconds(20);
    return error;
}


etError I2C_GeneralCallReset(void)
{
    etError error;
    I2C_Start();
    error = I2C_WriteByte(0x00);
    if(error == NO_ERROR) error = I2C_WriteByte(0x06);
    return error;
}
```

   myiic.h 文件中的代码如下：

```
#include "stm32f1xx_hal.h"
```

```
typedef enum {
   NO_ERROR       = 0x00,      // no error
   ACK_ERROR      = 0x01,      // no acknowledgment error
   CHECKSUM_ERROR = 0x02,      // checksum mismatch error
   TIMEOUT_ERROR  = 0x04,      // timeout error
   PARM_ERROR     = 0x80,      // parameter out of range error
} etError;

typedef enum {
   ACK = 0,
   NACK = 1,
} etI2cAck;

void I2C_Init(void);
void I2C_Start(void);
void I2C_Stop(void);
etError I2C_WriteByte(uint8_t txByte);
etError I2C_ReadByte(uint8_t *rxByte, etI2cAck ack, uint8_t timeout);
etError I2C_GeneralCallReset(void);
void DelayMicroSeconds(uint32_t nbrOfUs);
```

在 myiic.c 中，与硬件有关的代码如下：

```
#define I2C_SCL_Pin GPIO_PIN_6
#define I2C_SCL_Port GPIOB
#define I2C_SDA_Pin GPIO_PIN_7
#define I2C_SDA_Port GPIOB

void I2C_Init(void)
{
GPIO_InitTypeDef GPIO_InitStruct = {0};
  __HAL_RCC_GPIOB_CLK_ENABLE();
  HAL_GPIO_WritePin(GPIOB, I2C_SCL_Pin|I2C_SDA_Pin, GPIO_PIN_SET);
  GPIO_InitStruct.Pin = I2C_SCL_Pin|I2C_SDA_Pin;
  GPIO_InitStruct.Mode = GPIO_MODE_OUTPUT_OD;
  GPIO_InitStruct.Pull = GPIO_PULLUP;
  GPIO_InitStruct.Speed = GPIO_SPEED_FREQ_HIGH;
  HAL_GPIO_Init(GPIOB, &GPIO_InitStruct);
}
```

我们需要根据不同的硬件来配置模拟 IIC 的两个 I/O 口，在本章实例中用到的是 PB6、PB7，它们分别作为 SCL 和 SDA，即时钟线和数据线。

除了以上与硬件相关的代码，其他代码均与硬件无关，因此移植软件模拟 IIC 代码时，只需将与硬件有关的代码与需移植硬件匹配即可。

如需使用软件模拟 IIC，在初始化时，需要调用函数 I2C_Init( )，对 I/O 口进行初始化。

其中函数 I2C_Start( )产生 IIC 起始信号，函数 I2C_Stop(void)产生 IIC 停止信号，函数

I2C_WriteByte( )发送一个字节数据，函数 I2C_ReadByte( )读取一个字节的数据。

因为需要用到延时函数，延时级别为微秒级别，而函数 HAL_Delay( )默认是毫秒级延时，所以需要配置一个延时函数，读者可以使用软件延时的方法。本书利用定时器做一个延时函数，思路如下，利用定时器 TIM6，配置其计数器每计数一次的时间为 1μs。

系统初始化时，打开定时器 TIM6，即调用函数 HAL_TIM_Base_Start(&htim6)开启定时器。

本程序需要构建一个微秒级的延时函数，函数名称为 DelayMicroSeconds，该函数代码如下：

```c
void DelayMicroSeconds(uint32_t nbrOfUs)
{
    uint16_t startCnt = __HAL_TIM_GET_COUNTER(&htim6);
    while ((__HAL_TIM_GET_COUNTER(&htim6) - startCnt) <= nbrOfUs);
}
```

以上便使用定时器构建了一个微秒级精准延时的函数。

10.4　IIC 应用实例

10.4.1　代码解析

本章使用软件模拟 IIC 通信，读取 SHT31 温湿度传感器的数据。SHT31 温湿度传感器是新一代温湿度传感器，可以 2.4~5.5V 宽电压供电，采用 IIC 通信，通信速度高达 1MHz，湿度精确度为±2 %RH，温度精确度为 0.3℃，工作电流为 800μA。

新建 sht3.c 和 sht3.h 两个文件，将文件添加到工程中即可。这两个文件即 SHT31 温湿度传感器的驱动文件。

其中，sht3.c 的代码如下：

```c
#include "sht3.h"

#define POLYNOMIAL  0x131
static uint8_t _i2cAddress;

void SHT3X_SetI2cAdr(uint8_t i2cAddress);
etError SHT3X_SoftReset(void);
etError SHT3x_ReadSerialNumber(uint32_t* serialNumber);

static etError SHT3X_StartWriteAccess(void)
{
    etError error;
    I2C_Start();
    error = I2C_WriteByte(_i2cAddress << 1);
    return error;
}
```

```
static etError SHT3X_WriteCommand(etCommands command)
{
    etError error; // error code
    error  = I2C_WriteByte(command >> 8);
    error |= I2C_WriteByte(command & 0xFF);
    return error;
}


static void SHT3X_StopAccess(void)
{
    I2C_Stop();
}


static uint8_t SHT3X_CalcCrc(uint8_t data[], uint8_t nbrOfBytes)
{
    uint8_t bit;          // bit mask
    uint8_t crc = 0xFF;   // calculated checksum
    uint8_t byteCtr;      // byte counter

    for(byteCtr = 0; byteCtr < nbrOfBytes; byteCtr++)
    {
        crc ^= (data[byteCtr]);
        for(bit = 8; bit > 0; --bit)
        {
            if(crc & 0x80) crc = (crc << 1) ^ POLYNOMIAL;
            else           crc = (crc << 1);
        }
    }
    return crc;
}


static etError SHT3X_StartReadAccess(void)
{
    etError error; // error code
    I2C_Start();
    error = I2C_WriteByte(_i2cAddress << 1 | 0x01);
    return error;
}

static etError SHT3X_CheckCrc(uint8_t data[],uint8_t nbrOfBytes,uint8_t checksum)
{
    uint8_t crc;
    crc = SHT3X_CalcCrc(data, nbrOfBytes);
    if(crc != checksum)
```

```
        {
            return CHECKSUM_ERROR;
        }
    else
        {
            return NO_ERROR;
        }
}
Static etError SHT3X_Read2BytesAndCrc(uint16_t* data,
                                    etI2cAck finaleAckNack,uint8_t timeout)
{
    etError error;                  // error code
    uint8_t     bytes[2];           // read data array
    uint8_t     checksum;           // checksum byte
    error = I2C_ReadByte(&bytes[0], ACK, timeout);
    if(error == NO_ERROR) error = I2C_ReadByte(&bytes[1], ACK, 0);
    if(error == NO_ERROR) error = I2C_ReadByte(&checksum, finaleAckNack, 0);
    if(error == NO_ERROR) error = SHT3X_CheckCrc(bytes, 2, checksum);
    *data = (bytes[0] << 8) | bytes[1];

    return error;
}


static float SHT3X_CalcTemperature(uint16_t rawValue)
{
    return 175.0f * (float)rawValue / 65535.0f - 45.0f;
}


static float SHT3X_CalcHumidity(uint16_t rawValue)
{
    return 100.0f * (float)rawValue / 65535.0f;
}


etError SHT3X_Init(uint8_t i2cAddress)
{
  etError error = NO_ERROR;
  uint32_t serialNumber;
  I2C_Init();
  SHT3X_SetI2cAdr(i2cAddress);
  SHT3X_SoftReset();
  DelayMicroSeconds(50000);  // wait 50ms after power on
  error = SHT3x_ReadSerialNumber(&serialNumber);
  return error;
}
```

```
void SHT3X_SetI2cAdr(uint8_t i2cAddress)
{
    _i2cAddress = i2cAddress;
}


etError SHT3X_SoftReset(void)
{
    etError error; // error code
    error = SHT3X_StartWriteAccess();
    error |= SHT3X_WriteCommand(CMD_SOFT_RESET);
    SHT3X_StopAccess();
    if(error == NO_ERROR)
    {
        DelayMicroSeconds(50000);
    }
    return error;
}


etError SHT3x_ReadSerialNumber(uint32_t* serialNumber)
{
    etError error; // error code
    uint16_t serialNumWords[2];
    error = SHT3X_StartWriteAccess();
    error |= SHT3X_WriteCommand(CMD_READ_SERIALNBR);
    if(error == NO_ERROR) error = SHT3X_StartReadAccess();
    if(error == NO_ERROR) error = SHT3X_Read2BytesAndCrc(&serialNumWords[0], ACK, 100);
    if(error == NO_ERROR) error = SHT3X_Read2BytesAndCrc(&serialNumWords[1], NACK, 0);
    SHT3X_StopAccess();
    if(error == NO_ERROR)
    {
        *serialNumber = (serialNumWords[0] << 16) | serialNumWords[1];
    }
    return error;
}


etError SHT3X_GetTempAndHumiPolling(float* temperature, float* humidity,
                          etRepeatability repeatability,
                          uint8_t timeout)
{
    etError error;              // error code
    uint16_t rawValueTemp;      // temperature raw value from sensor
    uint16_t rawValueHumi;      // humidity raw value from sensor
    error  = SHT3X_StartWriteAccess();
```

```
if(error == NO_ERROR)
{
    switch(repeatability)
    {
    case REPEATAB_LOW:
        error = SHT3X_WriteCommand(CMD_MEAS_POLLING_L);
        break;
    case REPEATAB_MEDIUM:
        error = SHT3X_WriteCommand(CMD_MEAS_POLLING_M);
        break;
    case REPEATAB_HIGH:
        error = SHT3X_WriteCommand(CMD_MEAS_POLLING_H);
        break;
    default:
        error = PARM_ERROR;
        break;
    }
}
if(error == NO_ERROR)
{
    while(timeout--)
    {
        error = SHT3X_StartReadAccess();
        if(error == NO_ERROR) break;
        DelayMicroSeconds(1000);
    }
    if(timeout == 0) error = TIMEOUT_ERROR;
}

if(error == NO_ERROR)
{
    error |= SHT3X_Read2BytesAndCrc(&rawValueTemp, ACK, 0);
    error |= SHT3X_Read2BytesAndCrc(&rawValueHumi, NACK, 0);
}
SHT3X_StopAccess();
if(error == NO_ERROR)
{
    *temperature = SHT3X_CalcTemperature(rawValueTemp);
    *humidity = SHT3X_CalcHumidity(rawValueHumi);
}
return error;
}
```

sht3.h 的代码如下：

```
#include "myiic.h"
```

```
#define SHT3_I2CADDRESS 0X44

typedef enum {
    CMD_READ_SERIALNBR    = 0x3780,
    CMD_READ_STATUS       = 0xF32D,
    CMD_CLEAR_STATUS      = 0x3041,
    CMD_HEATER_ENABLE     = 0x306D,
    CMD_HEATER_DISABLE    = 0x3066,
    CMD_SOFT_RESET        = 0x30A2,
    CMD_MEAS_CLOCKSTR_H = 0x2C06,
    CMD_MEAS_CLOCKSTR_M = 0x2C0D,
    CMD_MEAS_CLOCKSTR_L = 0x2C10,
    CMD_MEAS_POLLING_H  = 0x2400,
    CMD_MEAS_POLLING_M  = 0x240B,
    CMD_MEAS_POLLING_L  = 0x2416,
    CMD_MEAS_PERI_05_H  = 0x2032,
    CMD_MEAS_PERI_05_M  = 0x2024,
    CMD_MEAS_PERI_05_L  = 0x202F,
    CMD_MEAS_PERI_1_H   = 0x2130,
    CMD_MEAS_PERI_1_L   = 0x212D,
    CMD_MEAS_PERI_2_H   = 0x2236,
    CMD_MEAS_PERI_2_M   = 0x2220,
    CMD_MEAS_PERI_2_L   = 0x222B,
    CMD_MEAS_PERI_4_H   = 0x2334,
    CMD_MEAS_PERI_4_M   = 0x2322,
    CMD_MEAS_PERI_4_L   = 0x2329,
    CMD_MEAS_PERI_10_H  = 0x2737,
    CMD_MEAS_PERI_10_M  = 0x2721,
    CMD_MEAS_PERI_10_L  = 0x272A,
    CMD_FETCH_DATA        = 0xE000,
    CMD_R_AL_LIM_LS       = 0xE102,
    CMD_R_AL_LIM_LC       = 0xE109,
    CMD_R_AL_LIM_HS       = 0xE11F,
    CMD_R_AL_LIM_HC       = 0xE114,
    CMD_W_AL_LIM_HS       = 0x611D,
    CMD_W_AL_LIM_HC       = 0x6116,
    CMD_W_AL_LIM_LC       = 0x610B,
    CMD_W_AL_LIM_LS       = 0x6100,
    CMD_NO_SLEEP          = 0x303E,
} etCommands;

typedef enum {
    REPEATAB_HIGH,    // high repeatability
    REPEATAB_MEDIUM,  // medium repeatability
```

```
    REPEATAB_LOW,        // low repeatability
} etRepeatability;

etError SHT3X_Init(uint8_t i2cAddress);
void SHT3X_SetI2cAdr(uint8_t i2cAddress);
etError SHT3X_SoftReset(void);
etError SHT3x_ReadSerialNumber(uint32_t* serialNumber);
etError SHT3X_GetTempAndHumiPolling(float* temperature, float* humidity,
etRepeatability repeatability,uint8_t timeout);
```

sht3.c 及 sht3.h 为 SHT31 温湿度传感器的驱动代码。将两个文件添加到工程中，并在初始化时调用函数 SHT3X_Init( )即可，初始化完毕后，需要读取温湿度传感器数据，便可调用函数 SHT3X_GetTempAndHumiPolling( )进行数据读取。

本实例要求每间隔一段时间就读取温湿度传感器的数据，并把温度值和湿度值通过串口发送到上位机。

本实例中的 CubeMX 软件配置参考前几章，下面介绍需要配置的定时器 TIM6、串口 1。

其中，串口 1 的配置与前面的章节相同，波特率为 115 200Bits/s。USART1 配置界面如图 10-9 所示。

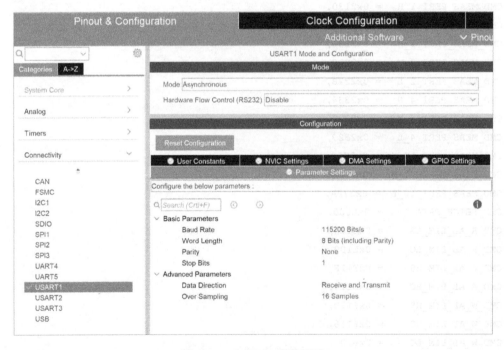

图 10-9　USART1 配置界面

在使用串口发送数据时，常用 printf( )语句进行发送。而在 STM32F103 系列微控制器中使用 printf( )语句需要进行 printf( )语句的重定向。需要在 usart.c 中添加如下代码：

```
/* USER CODE BEGIN 0 */
#include <stdio.h>
int fputc(int ch, FILE *f)
{
```

```
HAL_UART_Transmit(&huart1, (uint8_t*)&ch, 1, 10);
return(ch);
}
/* USER CODE END 0 */
```

在 TIM6 Mode and Configuration 配置界面中：在"Mode"下勾选"Activated"。
"Configuration"中"Parameter Settings"的参数配置如下。

（1）"Prescaler"设置为"71"。

（2）"Counter Mode"设置为"Up"。

（3）"Counter Period"设置为"65535"。

（4）"auto-reload preload"设置为"Disable"。

（5）"Trigger Event Selection"设置为"Reset"。

定时器 TIM6 的配置如图 10-10 所示。

图 10-10　定时器 TIM6 的配置

在 main.c 中，代码修改如下：

```
int main(void)
{
HAL_Init();
SystemClock_Config();
MX_GPIO_Init();
MX_USART1_UART_Init();
MX_TIM6_Init();
/* USER CODE BEGIN 2 */
HAL_TIM_Base_Start(&htim6);
error =SHT3X_Init(SHT3_I2CADDRESS);
/* USER CODE END 2 */


/* USER CODE BEGIN WHILE */
```

```
while (1)
{
    HAL_Delay(500);
    error = SHT3X_GetTempAndHumiPolling(&temp, &hum,REPEATAB_HIGH,50);
    printf("temp== %f , hum== %f \r\n",temp,hum);
/* USER CODE END WHILE */
}
}
```

在函数 main( )中，初始外设完毕后，调用函数 HAL_TIM_Base_Start(&htim6)开启定时器 TIM6 的时钟，调用函数 SHT3X_Init( )对温湿度传感器进行初始化，其中 SHT3_I2CADDRESS 为传感器默认地址 0X44。

初始化完成后，每隔 500ms 调用一次温湿度读取函数 SHT3X_GetTempAndHumiPolling( ) 来获取传感器数据。读取到的温度数据存储在浮点型数据变量 temp 内，读取到的湿度数据存储在浮点型数据变量 hum 内。

使用函数 printf( )将数据通过串口发送到上位机。

在上位机中打开串口调试助手软件，设置好端口、波特率等参数后，在接收设置里选择"ASCII"。程序运行后读取到的温湿度数据通过串口发送到上位机，并在串口调试助手中显示。上位机串口调试助手接收数据如图 10-11 所示。

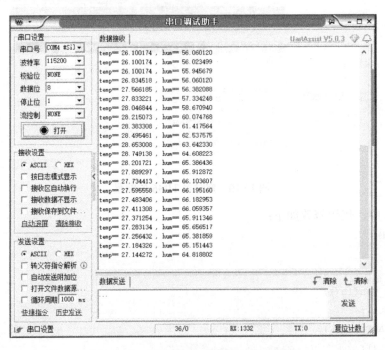

图 10-11 上位机串口调试助手接收数据

10.4.2 本例代码

main.c 代码如下：

```
#include "main.h"
#include "adc.h"
```

```c
#include "tim.h"
#include "usart.h"
#include "gpio.h"

/* USER CODE BEGIN Includes */
#include "sht3.h"
/* USER CODE END Includes */

void SystemClock_Config(void);

/* USER CODE BEGIN 0 */
etError error;
float temp;
float hum;
/* USER CODE END 0 */

int main(void)
{
  HAL_Init();
  SystemClock_Config();

  MX_GPIO_Init();
  MX_ADC1_Init();
  MX_USART1_UART_Init();
  MX_TIM6_Init();
  /* USER CODE BEGIN 2 */
  HAL_TIM_Base_Start(&htim6);
    error =SHT3X_Init(SHT3_I2CADDRESS);
  /* USER CODE END 2 */
  /* USER CODE BEGIN WHILE */
  while (1)
  {
        HAL_Delay(500);
        error = SHT3X_GetTempAndHumiPolling(&temp, &hum,REPEATAB_HIGH,50);
        printf("temp== %f , hum== %f \r\n",temp,hum);
 /* USER CODE END WHILE */
  }
}

void SystemClock_Config(void)
{
    ...//省略
}
```

```
void Error_Handler(void)
{
}
```

usart.c 代码如下:

```
#include "usart.h"

/* USER CODE BEGIN 0 */
#include <stdio.h>
int fputc(int ch, FILE *f)
{
  HAL_UART_Transmit(&huart1, (uint8_t*)&ch, 1, 10);
  return(ch);
}
/* USER CODE END 0 */

UART_HandleTypeDef huart1;

void MX_USART1_UART_Init(void)
{
  ...//省略
}

void HAL_UART_MspInit(UART_HandleTypeDef* uartHandle)
{
  ...//省略
}

void HAL_UART_MspDeInit(UART_HandleTypeDef* uartHandle)
{
  ...//省略
}
```

myiic.c 代码如下:

见 10.3.1

myiic.h 代码如下:

见 10.3.1

sht3.c 代码如下:

见 10.4.1

sht3.h 代码如下:

见 10.4.1

本章小结

本章介绍了 IIC 通信的基本原理，总线结构及通信协议。还介绍了软件模拟 IIC 的方法。通过使用软件模拟 IIC 的方式，读取了 IIC 接口的温湿度传感器的数据。

思考与练习

1．IIC 通信总是由主机发起的，这句话对吗？
2．SDA、SCL 以怎样的电平变化过程表示 IIC 的起始信号？
3．SDA、SCL 以怎样的电平变化过程表示 IIC 的终止信号？
4．软件模拟 IIC 与硬件 IIC 相比，有什么异同点？

第 11 章

直接存储器访问

直接存储器访问（Direct Memory Access，DMA）是计算机系统中用于快速、大量进行数据交换的重要技术。不需要 CPU 干预，数据可以通过 DMA 快速移动，这就节省了 CPU 的资源来做其他操作。

11.1 DMA 基本概述

11.1.1 DMA 由来

一个完整的微控制器就像一台集成在一块芯片上的计算机系统（微控制器又称为单片机，即单片微型计算机），通常包括 CPU、存储器和外部设备等部件。这些相互独立的各个部件在 CPU 的协调和交互下协同工作。作为微控制器的大脑，CPU 的相当一部分工作被数据传输占据了。

为提高 CPU 的工作效率和外设数据传输速度，一般希望 CPU 能从简单但频繁的"数据搬运"工作中摆脱出来，去处理那些更重要（运算控制）、更紧急（实时响应）的事情，而把"数据搬运"交给专门的部件去完成，就像定时器章节讲述的，CPU 把"计数"操作交给定时器完成一样，于是 DMA 和 DMA 控制器就应运而生了。

11.1.2 DMA 定义

DMA 是一种完全由硬件执行数据交换的工作方式。它由 DMA 控制器控制而不是 CPU 控制，用于控制在存储器和存储器、存储器和外设之间的批量数据传输。DMA 工作方式如图 11-1 所示。

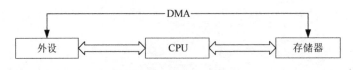

图 11-1　DMA 工作方式

一般来说，一个 DMA 有若干条通道，每条通道连接多个外设。这些连接在同一条 DMA 通道上的多个外设可以分时复用这条 DMA 通道。但同一时刻，一条 DMA 通道上只能有一个外设进行 DMA 数据传输。一般来说，使用 DMA 进行数据传输有四大要素：传输源、传输目标、传输单位数量和触发信号。

11.1.3 DMA 传输过程

一个完整的 DMA 传输过程如下：

（1）DMA 请求：CPU 对 DMA 控制器初始化，并向外设发出操作命令，外设提出 DMA 请求。

（2）DMA 响应：DMA 控制器对 DMA 请求判别优先级及屏蔽，向总线裁决逻辑提出总线请求。当 CPU 执行完当前总线周期即可释放总线控制权。此时，总线裁决逻辑输出总线应答，表示 DMA 已经响应，通过 DMA 控制器通知外设开始 DMA 传输。

（3）DMA 传输：DMA 控制器获得总线控制权后，CPU 即刻挂起或只执行内部操作，由 DMA 控制器输出读写命令，直接控制存储器与外设进行 DMA 传输。

（4）DMA 结束：当完成规定的成批数据传送后，DMA 控制器即释放总线控制权，并向外设发出结束信号。

由此可见，DMA 传输方式不需要 CPU 直接控制传输，也没有中断处理方式那样保留现场和恢复现场的过程，而是通过硬件为存储器和存储器、存储器和外设之间开辟一条直接传送数据的通路，使 CPU 的效率大大提高。

11.1.4 DMA 优点

首先，从 CPU 使用率角度，DMA 控制数据传输的整个过程，即不通过 CPU，也不需要 CPU 干预。因此，CPU 除了在数据传输开始前配置，在数据传输结束后处理，在整个数据传输过程中可以进行其他工作。DMA 降低了 CPU 的负担，释放了 CPU 的资源，使得 CPU 的使用效率大大提高。

其次，从数据传输效率角度，当 CPU 负责存储器和外设之间的数据传输时，通常先将数据从源地址存储到某个中间变量（该变量可能位于 CPU 的寄存器中，也可能位于内存中），再将数据从中间变量转送到目标地址上，当使用 DMA 控制器代替 CPU 负责数据传输时，不再需要通过中间变量，而直接将源地址上的数据送到目标地址。这样，显著地提高了数据传输的效率，能满足高速 I/O 设备的要求。

最后，从用户软件开发角度，由于在 DMA 数据传输过程中没有保存现场、恢复现场之类的工作，而且存储器地址修改、传送单位个数的计数等也不是由软件而是由硬件直接实现的，因此用户软件开发的代码量得以减少，程序变得更加简洁，编程效率得以提高。

由此可见，DMA 传输方式不仅减轻了 CPU 的负担，而且提高了数据传输的效率，还减少了用户开发的代码量。

11.2 STM32F103 系列微控制器的 DMA 工作原理

STM32F103 系列微控制器有两个 DMA 控制器，共有 12 个通道（DMA1 有 7 个通道，DMA2 有 5 个通道），每个通道专门用来管理来自一个或多个外设对存储器访问的请求，还有一个仲裁器来协调各个 DMA 请求的优先权。

11.2.1 STM32F103 系列微控制器的 DMA 主要特性

（1）12 个独立的可配置的通道（请求）：DMA1 有 7 个通道，DMA2 有 5 个通道。

（2）每个通道都直接连接专用的硬件 DMA 请求，每个通道都同样支持软件触发。这些功能通过软件来配置。

（3）在同一个 DMA 模块上，多个请求间的优先权可以通过软件编程设置(共有四级：很高等、高等、中等和低等)，优先权设置相等时由硬件决定(请求 0 优先于请求 1，依此类推) 。

（4）独立数据源和目标数据区的传输宽度（字节、半字、全字），模拟打包和拆包的过程。源和目标地址必须按数据传输宽度对齐。

（5）支持循环的缓冲器管理。

（6）每个通道都有 3 个事件标志（DMA 半传输、DMA 传输完成和 DMA 传输出错），这 3 个事件标志逻辑或成为一个单独的中断请求。

（7）存储器和存储器间的传输。

（8）外设和存储器、存储器和外设之间的传输。

（9）闪存、SRAM、外设的 SRAM、APB1、APB2 和 AHB 外设均可作为访问的源和目标。

（10）可编程的数据传输数目：最大为 65 535。

11.2.2　STM32F103 系列微控制器的 DMA 内部结构

STM32F103 系列微控制器的 DMA 功能框图如图 11-2 所示。

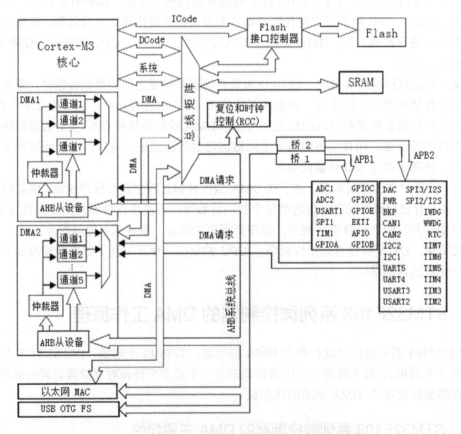

图 11-2　STM32F103 系列微控制器的 DMA 功能框图

由上述 DMA 的功能框图可知，DMA 控制器和 Cortex-M3 内核共享系统数据总线，执行直接存储器数据传输。当 CPU 和 DMA 同时访问相同的目标（RAM 或外设）时，DMA 请求会暂停 CPU 访问系统总线达若干个周期，总线仲裁器执行循环调度，以保证 CPU 至少可以得到一半的系统总线（存储器或外设）带宽。

11.2.3　STM32F103 系列微控制器的 DMA 通道

STM32F103 系列微控制器有两个以上的 DMA，每个 DMA 有不同数量的触发通道，分别对应不同的外设对存储器的访问请求。

1. DMA1 通道

STM32F103 系列微控制器的 DMA1 有 7 个触发通道，可以分别从外设［TIMx（TIM1、TIM2、TIM3、TIM4）、ADC1、SPI1、SPI/I2S2、I2Cx（I2C1、I2C2）和 USARTx（USART1、USART2、USART3）］产生 7 个访问请求，通过逻辑或输入 DMA1 控制器，这意味着同时只能有一个请求有效。外设的 DMA 请求，可以通过设置相应外设寄存器中的控制位，被独立地开启或关闭。DMA1 的通道映射关系表如表 11-1 所示。

表 11-1　DMA1 的通道映射关系表

外设	通道 1	通道 2	通道 3	通道 4	通道 5	通道 6	通道 7
ADC1	ADC1	—	—	—	—	—	—
SPI/I2S	—	SPI1_RX	SPI1_TX	SPI/I2S2_RX	SPI/I2S2_TX	—	—
USART	—	USART3_TX	USART3_RX	USART1_TX	USART1_RX	USART2_RX	USART2_TX
I2C	—	—	—	I2C2_TX	I2C2_RX	I2C1_TX	I2C1_RX
TIM1	—	TIM1_CH1	TIM1_CH2	TIM1_TX4 TIM1_TRIG TIM1_COM	TIM1_UP	TIM1_CH3	—
TIM2	TIM2_CH3	TIM2_UP	—	—	TIM2_CH1	—	TIM2_CH2 TIM2_CH4
TIM3	—	TIM3_CH3	TIM3_CH4 TIM3_UP	—	—	TIM3_CH1 TIM3_TRIG	—
TIM4	TIM4_CH1	—	—	TIM4_CH2	TIM4_CH3	—	TIM4_UP

2. DMA2 通道

DMA2 通道及相关请求仅存在于大容量 STM32F103 系列微控制器和互连型的 STM32F105、STM32F107 系列微控制器中。它有 5 个触发通道，可以分别从外设［TIMx（TIM5、TIM6、TIM7、TIM8）、ADC3、SPI/I2S3、UART4、DAC 通道 1 与通道 2 和 SDIO］产生 5 个请求，经逻辑或输入 DMA2 控制器，这意味着同时只能有一个请求有效。参见图 11-2 中的 DMA2 请求映射关系表。外设的 DMA 请求可以通过设置相应外设寄存器中的 DMA 控制位，被独立地开启或关闭。DMA2 的通道映射关系表如表 11-2 所示。

表 11-2　DMA2 的通道映射关系表

外设	通道 1	通道 2	通道 3	通道 4	通道 5
ADC3	—	—	—	—	ADC3
SPI/I2S3	SPI/I2S3_RX	SPI/I2S3_TX	—	—	—
UART4	—	—	UART4_RX	—	UART4_TX
SDIO	—	—	—	SDIO	—
TIM5	TIM5_CH4 TIM5_TRIG	TIM5_CH3 TIM5_UP	—	TIM5_CH2	TIM5_CH1
TIM6/ DAC 通道 1	—	—	TIM6_UP/ DAC 通道 1	—	—
TIM7/ DAC 通道 2	—	—	—	TIM7_UP/ DAC 通道 2	—
TIM8	TIM8_CH3 TIM8_UP	TIM8_CH4 TIM8_TRIG TIM8_COM	TIM8_CH1	—	TIM8_CH2

11.2.4　STM32F103 系列微控制器的 DMA 优先级

DMA 仲裁器根据通道请求的优先级来启动外设/存储器的访问。优先权管理分 2 个阶段。

1. 软件优先级

每个通道的软件优先权可以在 DMA_CCRx 寄存器中设置，有 4 个等级：最高优先级、高优先级、中优先级和低优先级。

2. 硬件优先级

如果有两个请求相同的软件优先级，则较低编号的通道比较高编号的通道有较高的优先权。例如，通道 2 优先于通道 4。

11.2.5　STM32F103 系列微控制器的 DMA 传输模式

STM32F103 系列微控制器的 DMA 传输模式可以分为普通模式和循环模式。

1. 普通模式

普通模式是指在 DMA 传输结束时，DMA 通道被自动关闭，进一步的 DMA 请求将不被响应。

2. 循环模式

循环模式用于处理一个环形的缓冲区，每轮传输结束时数据传输的配置会自动地更新为初始状态，DMA 传输会连续不断地进行。

11.2.6　STM32F103 系列微控制器的 DMA 中断

每个 DMA 通道都可以在 DMA 传输过半、传输完成和传输错误时产生中断。为应用的灵活性考虑，可以通过设置寄存器的不同位来打开这些中断。DMA 中断事件的标志位和控制位如表 11-3 所示。

表 11-3　DMA 中断事件的标志位和控制位

中 断 事 件	事件标志位	使能控制位
传输过半	HTIF	HTIE
传输完成	TCIF	TCIE
传输错误	TEIF	TEIE

11.3　DMA 相关的 HAL 驱动

11.3.1　DMA 的 HAL 函数

DMA 是 MCU 上一种比较特殊的硬件，它需要与其他外设结合起来使用，不能单独使用。一个外设要使用 DMA 传输数据，必须先用函数 HAL_DMA_Init( )对 DMA 进行初始化配置，设置 DMA 流、通道、传输方向、工作模式、DMA 优先级别等参数，然后才能够使用外设的 DMA 传输函数进行 DMA 方式的数据传输。

DMA 传输有轮询和中断两种方式。如果以轮询方式启动 DMA 数据传输，需要调用函数 HAL_DMA_PollForTransfer( )查询，并等待 DMA 传输结束。如果以中断方式启动 DMA 数据传输，则传输过程中 DMA 流会产生传输完成事件中断。每个 DMA 流都有独立的中断地址，使用中断方式的 DMA 数据传输更加方便，在一般情况下，优先使用中断方式开启 DMA 传输。

DMA 相关的 HAL 驱动函数如表 11-4 所示。

表 11-4　DMA 相关的 HAL 驱动函数

函　数　名	功　能　描　述
HAL_DMA_Init( )	DMA 传输初始化配置
HAL_DMA_Start( )	启动 DMA 传输，不开启 DMA 中断
HAL_DMA_PollForTransfer( )	以轮询方式等待 DMA 传输结束
HAL_DMA_Abort( )	中止以轮询方式启动的 DMA 传输
HAL_DMA_Start_IT( )	启动 DMA 传输，开启 DMA 中断
HLA_DMA_Abort_IT( )	中止以中断方式启动的 DMA 传输
HAL_DMA_GetState( )	获取 DMA 当前状态
HAL_DMA_IRQHandler( )	DMA 中断 ISR 里调用的通用处理函数

DMA 相关的 HAL 驱动文件主要在文件 stm32f1xx_hal_dma.h 和 stm32f1xx_hal_dma.c 中。

（1）函数 HAL_DMA_Init( )用于 DMA 传输初始化配置，其函数原型如下：

```
HAL_StatusTypeDef HAL_DMA_Init(DMA_HandleTypeDef *hdma)
```

参数 hdma 是结构体 DMA_HandleTypeDef 类型指针。结构体 DMA_HandleTypeDef 的定义如下：

```
typedef struct __DMA_HandleTypeDef
{
    DMA_Channel_TypeDef   *Instance;      //DMA 寄存器基址，用于指定一个 DMA 流
    DMA_InitTypeDef   Init;               //DMA 传输的各种配置参数
```

```
    HAL_LockTypeDef      Lock;                       //DMA 锁定状态
    HAL_DMA_StateTypeDef  State;                     //DMA 传输状态
    void   *Parent;                                  //父对象，即关联外设对象
    //DMA 传输完成事件中断的回调函数指针
    void   (* XferCpltCallback)( struct __DMA_HandleTypeDef * hdma);
    //DMA 传输半完成事件中断的回调函数指针
    void   (* XferHalfCpltCallback)( struct __DMA_HandleTypeDef * hdma);
    //DMA 传输错误事件中断的回调函数指针
    void   (* XferErrorCallback)( struct __DMA_HandleTypeDef * hdma);
    //DMA 传输中止回调函数指针
    void   (* XferAbortCallback)( struct __DMA_HandleTypeDef * hdma);
    __IO uint32_t  ErrorCode;                        //DMA 错误码
    DMA_TypeDef  *DmaBaseAddress;                     //DMA 通道基地址
    uint32_t  ChannelIndex;                          //DMA 通道索引号
} DMA_HandleTypeDef;
```

结构体 DMA_HandleTypeDef 的成员指针变量 Instance 要指向一个 DMA 通道的寄存器基址。其成员变量 Init 是结构体 DMA_InitTypeDef，它存储了 DMA 传输的各种参数。

DMA_InitTypeDef 的定义如下：

```
typedef struct
{
    uint32_t Direction;              //DMA 传输方向
    uint32_t PeriphInc;              //外设地址指针是否自增
    uint32_t MemInc;                 //存储器地址指针是否自增
    uint32_t PeriphDataAlignment;    //外设数据宽度
    uint32_t MemDataAlignment;       //存储器数据宽度
    uint32_t Mode;                   //传输模式（正常模式或循环模式）
    uint32_t Priority;               //优先级
} DMA_InitTypeDef;
```

在 CubeMX 软件中为外设配置 DMA 后（本章后面的实例为串口 1 配置 DMA），在生成的代码里会有一个结构体 DMA_HandleTypeDef。例如，为 USART1 的 DMA 请求 USART_TX 配置 DMA 后，生成的文件 usart.c 中会有如下的变量定义：

```
DMA_HandleTypeDef hdma_usart1_tx;
```

（2）函数 HAL_DMA_Start_IT( )的原型定义如下：

```
HAL_StatusTypeDef HAL_DMA_Start_IT(DMA_HandleTypeDef *hdma, uint32_t SrcAddress,
uint32_t DstAddress, uint32_t DataLength)
```

参数 hdma 是 DMA 对象指针，SrcAddress 是源地址，DstAddress 是目标地址，DataLength 是需要传输的数据长度。

完成 DMA 传输的初始化配置后，就可以启动 DMA 数据传输了。DMA 数据传输有轮询和中断两种方式。

在使用具体外设进行 DMA 数据传输时，一般无须直接调用该函数启动 DMA 的传输，而是由外设的 DMA 传输函数内部调用函数 HAL_DMA_Start_IT( )启动 DMA 数据传输。

例如，我们使用 UART 接口时，就可以使用 DMA 方式进行数据传输。串口以 DMA 方

式发送或接收数据的两个函数的原型定义如下：

```
HAL_StatusTypeDef HAL_UART_Receive_DMA(UART_HandleTypeDef *huart, uint8_t *pData,
uint16_t Size)
HAL_StatusTypeDef HAL_UART_Transmit_DMA(UART_HandleTypeDef *huart, uint8_t *pData,
uint16_t Size)
```

其中，huart 是串口对象指针；pData 是数据缓冲区指针，缓冲区是 uint8_t 类型数组，因为串口传输数据的基本单位是字节；Size 是缓冲区长度，单位是字节。

11.3.2　DMA 的中断

每个 DMA 的中断都有独立的中断号，还有对应的 ISR。DMA 的中断有多个中断事件源，DMA 的中断事件类型的宏定义如下：

```
#define DMA_IT_TC   ((uint32_t)DMA_CCR_TCIE)   //DMA 传输完成中断事件
#define DMA_IT_HT   ((uint32_t)DMA_CCR_HTIE)   //DMA 传输半完成中断事件
#define DMA_IT_TE   ((uint32_t)DMA_CCR_TEIE)   //DMA 传输错误中断事件
```

对于一般的外设，一个事件中断可能对应一个回调函数，这个回调函数的名称是 HAL 库固定好的，如 UART 的发送完成事件中断对应的回调函数名称是 HAL_UART_TxCpltCallback( )。但是在 DMA 的 HAL 驱动头文件 stmf1xx_hal_dma.h 中，并没有定义这样的回调函数，因为 DMA 需要关联不同的外设，所以它的事件中断回调函数没有固定的函数名，而是采用函数指针的方式指向关联外设的事件中断回调函数。

HAL_DMA_IRQHandler( )是 DMA 中断通用处理函数，在 DMA 中断的 ISR 被调用，函数原型定义如下：

```
void HAL_DMA_IRQHandler(DMA_HandleTypeDef *hdma)
```

在外设以 DMA 方式启动传输时，会为 DMA 对象事件中断回调函数指针赋值，如对于 UART，执行函数 HAL_UART_Transmit_DMA( )启动 DMA 方式发送数据时，就会将串口关联的 DMA 对象的函数指针 XferCpltCallback 指向 UART 的发送完成事件中断回调函数 HAL_UART_TxCpltCallback( )。

UART 以 DMA 方式发送数据时，即调用函数 HAL_UART_Transmit_DMA( )启动 DMA 传输，DMA 流中断与回调函数的关系（一）如表 11-5 所示。

表 11-5　DMA 中断与回调函数的关系（一）

DMA 中断事件	DMA 对象指针函数	对应的回调函数
DMA_IT_TC	XferCpltCallback	HAL_UART_TxCpltCallback( )
DMA_IT_HC	XferHalfCpltCallback	HAL_UART_TxHalfCpltCallback( )

UART 以 DMA 方式接收数据时，即调用函数 HAL_UART_Receive_DMA( )启动 DMA 传输，DMA 中断与回调函数的关系（二）如表 11-6 所示。

表 11-6　DMA 中断与回调函数的关系（二）

DMA 中断事件	DMA 对象指针函数	对应的回调函数
DMA_IT_TC	XferCpltCallback	HAL_UART_RxCpltCallback( )
DMA_IT_HC	XferHalfCpltCallback	HAL_UART_RxHalfCpltCallback( )

UART 使用 DMA 方式传输数据时，UART 的全局中断需要开启，但是 UART 的接收和完成中断事件源可以关闭。

11.4　DMA 相关功能实例

11.4.1　串口使用 DMA 发送和接收数据

本例要求如下。

利用串口方式与上位机进行通信交互，要求使用串口 1，波特率设置为 115 200Bits/s，其他串口参数自定。接收和发送均采用 DMA 方式，单次发送和接收最大数据长度为 200 个字节。

能够识别上位机发送来的数据，并可以将该数据通过串口转发回去，在上位机上显示。能够利用上位机发送指令控制开发板上 LED1、LED2 的亮灭功能。指令列表如表 11-7 所示。

表 11-7　指令列表

指　　令	功　　能
#led1on	LED1 点亮
#led1off	LED1 熄灭
#led2on	LED2 点亮
#led2off	LED2 熄灭
#cmd1	LED1、LED2 均点亮
#cmd2	LED1、LED2 均熄灭

本实例需要使用串口 1，即 USART1，CubeMX 软件的基本配置与串口章节类似，LED 灯、时钟等配置此处不再赘述。USART1 参数配置如图 11-3 所示。

图 11-3　USART1 参数配置

在"Pinout & Configuration"标签下的"Categories"中，单击第四行"Connectivity"，在展开的项目中，找到"USART1"，单击进入。

在右侧出现的配置窗口中，在"Mode"项目中选择"Mode"为"Asynchronous"（异步）。在下方的"Configuration"的"Parameter Setting"标签中设置串口参数。

设置完毕后，选择"Configuration"的"DMA Settings"标签，单击"Add"按钮后，在上方的候选栏，选择"USART1_RX"，然后再单击"Add"按钮，选择"USART1_TX"。DMA参数配置（一）如图 11-4 所示。

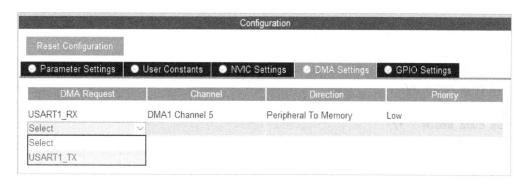

图 11-4　DMA 参数配置（一）

设置完毕后，分别选中"USART1_RX"或"USART1_TX"进行参数设置（两个参数设置一致，均需按要求设置）。下面以 USART1_TX 为例进行说明。

在下方的"DMA Request Settings"中进行参数配置（见图 11-5）。

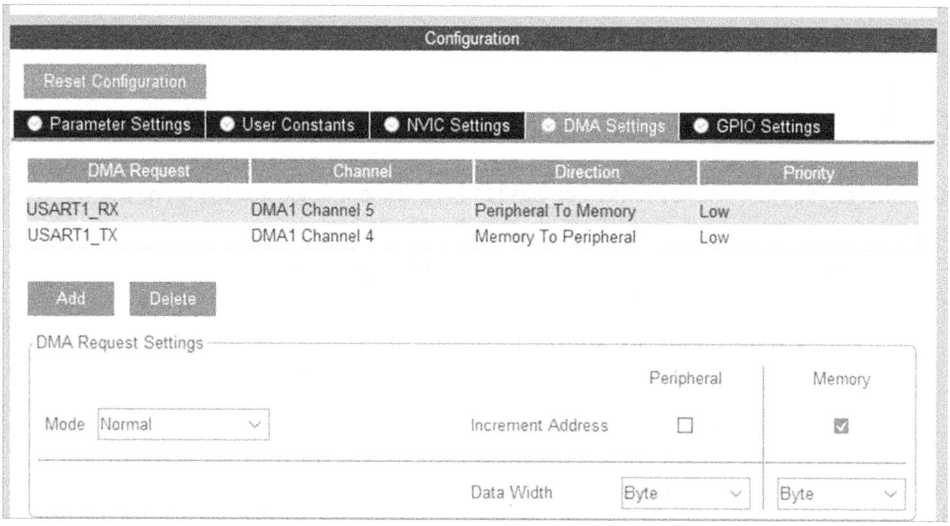

图 11-5　DMA 参数配置（二）

其中，"Mode"选为"Noraml"；"Increment Address"均只勾选"Memory"；"Peripheral"（外设）对应的"Data Width"（数据宽度）为"Byte"（字节），"Memory"（存储器）对应的"Data Width"（数据宽度）为"Byte"（字节）。

其他配置参考前面章节，全部配置完成后，单击生成代码即可自动生成初始代码。

11.4.2 项目代码分析

为了实现本例要求的功能，还需要修改代码，以符合要求。

对 usart.c 进行修改后得到如下代码：

```c
/* USER CODE BEGIN 0 */
uint8_t USART_RX_BUF[USART_MAX_LEN];
uint8_t USART1_DMA_TX_BUFFER[USART1_DMA_TX_SIZE];
uint8_t USART1_DMA_RX_BUFFER[USART1_DMA_RX_SIZE];


volatile uint8_t DMA_usart1_Rx_Size;
volatile uint8_t DMA_usart1_Rx_Flag = 0;
volatile uint8_t DMA_usart1_Tx_Flag = 1;
/* USER CODE END 0 */


/* USER CODE BEGIN 1 */
void USER_DMA_send(uint8_t *buf,uint8_t len)
{
    if( 1 == DMA_usart1_Tx_Flag)
    {
        HAL_UART_Transmit_DMA(&huart1,buf,len);
        DMA_usart1_Tx_Flag=0;
    }
}


void RevData_Process(void)
{
    if(USART_RX_BUF[0]=='#')
    {
    if(USART_RX_BUF[1]=='l'&&USART_RX_BUF[2]=='e'&&USART_RX_BUF[3]=='d')
        {
            if(USART_RX_BUF[5]=='o'&&USART_RX_BUF[6]=='n')
            {
                switch(USART_RX_BUF[4])
                {
                    case '1':
                        HAL_GPIO_WritePin(GPIOE, LED1_Pin, GPIO_PIN_RESET);
                        break;
                    case '2':
                        HAL_GPIO_WritePin(GPIOE, LED2_Pin, GPIO_PIN_RESET);
                        break;
                    default:
            break;
                }
            }
```

```
            else if(USART_RX_BUF[5]=='o'&&USART_RX_BUF[6]=='f'&&USART_RX_BUF[7]=='f')
            {
                switch(USART_RX_BUF[4])
                {
                    case '1':
                        HAL_GPIO_WritePin(GPIOE, LED1_Pin, GPIO_PIN_SET);
                        break;
                    case '2':
                        HAL_GPIO_WritePin(GPIOE, LED2_Pin, GPIO_PIN_SET);
                        break;
                    default:
                        break;
                    }
                }
            }
else if(USART_RX_BUF[1]=='c'&&USART_RX_BUF[2]=='m'&&USART_RX_BUF[3]=='d')
        {
            switch(USART_RX_BUF[4])
            {
                case '1':
                HAL_GPIO_WritePin(GPIOE, LED2_Pin|LED1_Pin, GPIO_PIN_RESET);
                    break;
                case '2':
                    HAL_GPIO_WritePin(GPIOE, LED2_Pin|LED1_Pin, GPIO_PIN_SET);
                    break;
                default:
                    break;
                }
            }
        }
    }
}
/* USER CODE END 1 */
```

对 usart.h 进行修改后得到如下代码：

```
/* USER CODE BEGIN Private defines */
#define USART_MAX_LEN 200
extern uint8_t USART_RX_BUF[USART_MAX_LEN];


extern UART_HandleTypeDef huart1;
#define USART1_DMA_TX_SIZE 200
extern uint8_t USART1_DMA_TX_BUFFER[USART1_DMA_TX_SIZE];


#define USART1_DMA_RX_SIZE 200
extern uint8_t USART1_DMA_RX_BUFFER[USART1_DMA_RX_SIZE];
```

```
extern volatile uint8_t DMA_usart1_Rx_Size;
extern volatile uint8_t DMA_usart1_Rx_Flag;
extern volatile uint8_t DMA_usart1_Tx_Flag;
/* USER CODE END Private defines */


/* USER CODE BEGIN Prototypes */
extern void USER_DMA_send(uint8_t *buf,uint8_t len);
extern void RevData_Process(void);
/* USER CODE END Prototypes */
```

上述代码中定义了 USAR1_RX_BUFFER、USART1_DMA_RX_BUFFER、USART1_DMA_TX_BUFFER 三个数组，他们的数组长度均为 200。

其中，USART1_DMA_RX_BUFFER 数组用于存储 DMA 接收到的数据。

USART1_DMA_TX_BUFFER 数组用于存储需要 DMA 发送的数据。

在程序中定义了 DMA_usart1_Rx_Size 变量，用于表示本次接收到的数据长度。

DMA_usart1_Rx_Flag 变量用于表示是否成功接收到 DMA 传输来的数据，如果该位置 1，表示成功接收到了 DMA 传输的数据，数据长度存储到 DMA_usart1_Rx_Size 变量。

DMA_usart1_Tx_Flag 变量用于表示是否成功发送了需要以 DMA 传输出去的数据，如果该位置 1，则表示成功发送了数据。

函数 USER_DMA_send(uint8_t *buf,uint8_t len)为用户自定义函数，buf 为需要发送的数据的指针，len 为发送的数据长度。在函数 USER_DMA_send( )内部通过调用函数 HAL_UART_Transmit_DMA( )将数据发送出去。

另一个用户自定义函数 RevData_Process( )为数据处理功能函数，它的作用是解析接收到的上位机发送来的指令，并根据本例要求控制 LED1、LED2 的状态。该函数在函数 main( )的主循环里调用即可。

在 stm32f1xx_it.c 中，代码修改如下：

```
/* USER CODE BEGIN Includes */
#include "usart.h"
/* USER CODE END Includes */


void DMA1_Channel4_IRQHandler(void)
{
  /* USER CODE BEGIN DMA1_Channel4_IRQn 0 */
    if(__HAL_DMA_GET_FLAG(&hdma_usart1_tx,DMA_FLAG_TC4)!=RESET)
    {
        __HAL_DMA_CLEAR_FLAG(&hdma_usart1_tx,DMA_FLAG_TC4);

        DMA_usart1_Tx_Flag = 1;
    }
  /* USER CODE END DMA1_Channel4_IRQn 0 */
  HAL_DMA_IRQHandler(&hdma_usart1_tx);
  /* USER CODE BEGIN DMA1_Channel4_IRQn 1 */
```

```
  /* USER CODE END DMA1_Channel4_IRQn 1 */
}


void USART1_IRQHandler(void)
{
  /* USER CODE BEGIN USART1_IRQn 0 */
    if(__HAL_UART_GET_FLAG(&huart1,UART_FLAG_IDLE)!=RESET)
    {
        __HAL_UART_CLEAR_IDLEFLAG(&huart1);
        DMA_usart1_Rx_Size = USART1_DMA_RX_SIZE -
          __HAL_DMA_GET_COUNTER(&hdma_usart1_rx);

        HAL_UART_DMAStop(&huart1);
        for(uint8_t k=0;k<DMA_usart1_Rx_Size;k++)
        {
            USART_RX_BUF[k] = USART1_DMA_RX_BUFFER[k];
        }
        DMA_usart1_Rx_Flag = 1;
    HAL_UART_Receive_DMA(&huart1,USART1_DMA_RX_BUFFER,USART1_DMA_RX_SIZE);
    }
  /* USER CODE END USART1_IRQn 0 */
  HAL_UART_IRQHandler(&huart1);
}
```

在中断处理函数 DMA1_Channel4_IRQHandler( )中，通过 DMA_FLAG_TC4 标志位来判断 DMA 发送是否完成，发送完成后，会进入该中断，将 DMA_usart1_Tx_Flag 变量置 1。

在中断处理函数 USART1_IRQHandler( )中，通过函数 UART_FLAG_IDLE 判断总线是否空闲，如果数据传输完毕后，总线进入空闲状态，就会进入空闲中断，在该处理函数中使用 DMA_usart1_Rx_Size 变量记录当次通过 DMA 传输来的数据长度，并把 DMA 接收到的数据存在 USART_RX_BUF 数组中。这就是在 RevData_Process 函数中解析 USART_RX_BUF 数组的原因，同时将 DMA_usart1_Rx_Flag 变量置 1，该变量置 1 表示成功收到 DMA 传来的数据，且数据存放在 USART_RX_BUF 数组中，数据长度为 DMA_usart1_Rx_Size。最后通过函数 HAL_UART_Receive_DMA( )为下一次 DMA 接收做准备。

在 main.c 中，代码做如下修改：

```
int main(void)
{
  /* USER CODE BEGIN 1 */
  uint8_t len;      //存储当次 DMA 接收到数据的长度
  /* USER CODE END 1 */
  HAL_Init();
  SystemClock_Config();
  MX_GPIO_Init();
  MX_DMA_Init();
  MX_USART1_UART_Init();
```

```
/* USER CODE BEGIN 2 */
  __HAL_UART_ENABLE_IT(&huart1,UART_IT_IDLE);//开启串口空闲中断
  //开启 DMA 方式接收数据
  HAL_UART_Receive_DMA(&huart1,USART1_DMA_RX_BUFFER,USART1_DMA_RX_SIZE);
/* USER CODE END 2 */


/* USER CODE BEGIN WHILE */
while (1)
{
    if(DMA_usart1_Rx_Flag==1)
    {
        DMA_usart1_Rx_Flag=0;
        RevData_Process();
        len=DMA_usart1_Rx_Size;
        for(uint8_t m=0;m<len;m++)
        {
            USART1_DMA_TX_BUFFER[m] = USART_RX_BUF[m];
        }
        USER_DMA_send(USART1_DMA_TX_BUFFER,len);
    }
/* USER CODE END WHILE */
}
```

在函数 main( )中初始化 DMA、串口等外设后,调用函数__HAL_UART_ENABLE_IT(&huart1,UART_IT_IDLE)开启串口空闲中断,并开启 DMA 方式接收数据。

在主循环中,通过变量 DMA_usart1_Rx_Flag 的值,来判断是否接收到数据,如果接收到了 DMA 传输的数据,调用函数 RevData_Process( )进行解析,并根据指令控制 LED1、LED2 的状态。同时,将接收到的数据复制到 USART1_DMA_TX_BUFFER 数组中,通过函数 USER_DMA_send( )将接收到的数据再通过串口以 DMA 方式发送到上位机。

11.4.3 上位机控制及接收信息展示

本例使用的上位机发送/接收信息如图 11-6 所示。

如图 11-6 所示,开发板与计算机通过数据线连接后,打开串口调试助手,将波特率等参数按照程序中的参数设置。

在右侧下方的数据发送区,无论发送什么字符,通过串口助手右侧上方的数据接收区都能接收到。例如,发送"hi,sdnuer"后,数据接收区同样也会收到"hi,sdnuer"。这就表明通过上位机发送的信息,按照程序代码功能,以 DMA 方式接收到后,又以 DMA 方式重新发送给了上位机,所以在数据接收区中可以看到发送的指令。

图 11-6　上位机发送/接收信息

如果指令符合本例要求，LED1、LED2 的状态也会发生相应变化。

11.4.4　本例代码

main.c 代码如下：

```
#include "main.h"
#include "dma.h"
#include "usart.h"
#include "gpio.h"
void SystemClock_Config(void);
int main(void)
{
  /* USER CODE BEGIN 1 */
  uint8_t len;
  /* USER CODE END 1 */
  HAL_Init();
  SystemClock_Config();
  MX_GPIO_Init();
  MX_DMA_Init();
  MX_USART1_UART_Init();
  /* USER CODE BEGIN 2 */
    __HAL_UART_ENABLE_IT(&huart1,UART_IT_IDLE);
    HAL_UART_Receive_DMA(&huart1,USART1_DMA_RX_BUFFER,USART1_DMA_RX_SIZE);
  /* USER CODE END 2 */
```

```
  /* USER CODE BEGIN WHILE */
while (1)
  {
        if(DMA_usart1_Rx_Flag==1)
        {
            DMA_usart1_Rx_Flag=0;
            RevData_Process();
            len=DMA_usart1_Rx_Size;
            for(uint8_t m=0;m<len;m++)
            {
                USART1_DMA_TX_BUFFER[m] = USART_RX_BUF[m];
            }
        USER_DMA_send(USART1_DMA_TX_BUFFER,len);


        }
    /* USER CODE END WHILE */
  }
}

void SystemClock_Config(void)
{
 ...//省略
}
```

gpio.c 代码如下：

```
#include "gpio.h"

void MX_GPIO_Init(void)
{
  GPIO_InitTypeDef GPIO_InitStruct = {0};
  __HAL_RCC_GPIOE_CLK_ENABLE();
  __HAL_RCC_GPIOC_CLK_ENABLE();
  __HAL_RCC_GPIOA_CLK_ENABLE();
  HAL_GPIO_WritePin(GPIOE, LED2_Pin|LED1_Pin, GPIO_PIN_RESET);
  GPIO_InitStruct.Pin = LED2_Pin|LED1_Pin;
  GPIO_InitStruct.Mode = GPIO_MODE_OUTPUT_PP;
  GPIO_InitStruct.Pull = GPIO_NOPULL;
  GPIO_InitStruct.Speed = GPIO_SPEED_FREQ_LOW;
  HAL_GPIO_Init(GPIOE, &GPIO_InitStruct);
}
```

dma.c 代码如下：

```
#include "dma.h"

void MX_DMA_Init(void)
```

```
{
  __HAL_RCC_DMA1_CLK_ENABLE();
  HAL_NVIC_SetPriority(DMA1_Channel4_IRQn, 1, 0);
  HAL_NVIC_EnableIRQ(DMA1_Channel4_IRQn);
  HAL_NVIC_SetPriority(DMA1_Channel5_IRQn, 1, 0);
  HAL_NVIC_EnableIRQ(DMA1_Channel5_IRQn);
}
```

usart.c 代码如下：

```
#include "usart.h"

/* USER CODE BEGIN 0 */
uint8_t USART_RX_BUF[USART_MAX_LEN];
uint8_t USART1_DMA_TX_BUFFER[USART1_DMA_TX_SIZE];
uint8_t USART1_DMA_RX_BUFFER[USART1_DMA_RX_SIZE];

volatile uint8_t DMA_usart1_Rx_Size;
volatile uint8_t DMA_usart1_Rx_Flag = 0;
volatile uint8_t DMA_usart1_Tx_Flag = 1;

/* USER CODE END 0 */

UART_HandleTypeDef huart1;
DMA_HandleTypeDef hdma_usart1_rx;
DMA_HandleTypeDef hdma_usart1_tx;

void MX_USART1_UART_Init(void)
{
  huart1.Instance = USART1;
  huart1.Init.BaudRate = 115200;
  huart1.Init.WordLength = UART_WORDLENGTH_8B;
  huart1.Init.StopBits = UART_STOPBITS_1;
  huart1.Init.Parity = UART_PARITY_NONE;
  huart1.Init.Mode = UART_MODE_TX_RX;
  huart1.Init.HwFlowCtl = UART_HWCONTROL_NONE;
  huart1.Init.OverSampling = UART_OVERSAMPLING_16;
  if (HAL_UART_Init(&huart1) != HAL_OK)
  {
    Error_Handler();
  }
}

void HAL_UART_MspInit(UART_HandleTypeDef* uartHandle)
{
  GPIO_InitTypeDef GPIO_InitStruct = {0};
```

```
if(uartHandle->Instance==USART1)
{
  __HAL_RCC_USART1_CLK_ENABLE();
  __HAL_RCC_GPIOA_CLK_ENABLE();

  GPIO_InitStruct.Pin = GPIO_PIN_9;
  GPIO_InitStruct.Mode = GPIO_MODE_AF_PP;
  GPIO_InitStruct.Speed = GPIO_SPEED_FREQ_HIGH;
  HAL_GPIO_Init(GPIOA, &GPIO_InitStruct);
  GPIO_InitStruct.Pin = GPIO_PIN_10;
  GPIO_InitStruct.Mode = GPIO_MODE_INPUT;
  GPIO_InitStruct.Pull = GPIO_NOPULL;
  HAL_GPIO_Init(GPIOA, &GPIO_InitStruct);
  hdma_usart1_rx.Instance = DMA1_Channel5;
  hdma_usart1_rx.Init.Direction = DMA_PERIPH_TO_MEMORY;
  hdma_usart1_rx.Init.PeriphInc = DMA_PINC_DISABLE;
  hdma_usart1_rx.Init.MemInc = DMA_MINC_ENABLE;
  hdma_usart1_rx.Init.PeriphDataAlignment = DMA_PDATAALIGN_BYTE;
  hdma_usart1_rx.Init.MemDataAlignment = DMA_MDATAALIGN_BYTE;
  hdma_usart1_rx.Init.Mode = DMA_NORMAL;
  hdma_usart1_rx.Init.Priority = DMA_PRIORITY_LOW;
  if (HAL_DMA_Init(&hdma_usart1_rx) != HAL_OK)
  {
    Error_Handler();
  }
  __HAL_LINKDMA(uartHandle,hdmarx,hdma_usart1_rx);

  hdma_usart1_tx.Instance = DMA1_Channel4;
  hdma_usart1_tx.Init.Direction = DMA_MEMORY_TO_PERIPH;
  hdma_usart1_tx.Init.PeriphInc = DMA_PINC_DISABLE;
  hdma_usart1_tx.Init.MemInc = DMA_MINC_ENABLE;
  hdma_usart1_tx.Init.PeriphDataAlignment = DMA_PDATAALIGN_BYTE;
  hdma_usart1_tx.Init.MemDataAlignment = DMA_MDATAALIGN_BYTE;
  hdma_usart1_tx.Init.Mode = DMA_NORMAL;
  hdma_usart1_tx.Init.Priority = DMA_PRIORITY_LOW;
  if (HAL_DMA_Init(&hdma_usart1_tx) != HAL_OK)
  {
    Error_Handler();
  }

  __HAL_LINKDMA(uartHandle,hdmatx,hdma_usart1_tx);

  HAL_NVIC_SetPriority(USART1_IRQn, 1, 0);
  HAL_NVIC_EnableIRQ(USART1_IRQn);
```

```
    }
}

void HAL_UART_MspDeInit(UART_HandleTypeDef* uartHandle)
{

    if(uartHandle->Instance==USART1)
    {
        __HAL_RCC_USART1_CLK_DISABLE();
        HAL_GPIO_DeInit(GPIOA, GPIO_PIN_9|GPIO_PIN_10);
        HAL_DMA_DeInit(uartHandle->hdmarx);
        HAL_DMA_DeInit(uartHandle->hdmatx);
        HAL_NVIC_DisableIRQ(USART1_IRQn);
    }
}


/* USER CODE BEGIN 1 */
void USER_DMA_send(uint8_t *buf,uint8_t len)
{
    if( 1 == DMA_usart1_Tx_Flag)
    {
        HAL_UART_Transmit_DMA(&huart1,buf,len);
        DMA_usart1_Tx_Flag=0;
    }
}

void RevData_Process(void)
{
    if(USART_RX_BUF[0]=='#')
    {
        if(USART_RX_BUF[1]=='l'&&USART_RX_BUF[2]=='e'&&USART_RX_BUF[3]=='d')
        {
            if(USART_RX_BUF[5]=='o'&&USART_RX_BUF[6]=='n')
            {
                switch(USART_RX_BUF[4])
                {
                    case '1':
                        HAL_GPIO_WritePin(GPIOE, LED1_Pin, GPIO_PIN_RESET);
                        break;
                    case '2':
                        HAL_GPIO_WritePin(GPIOE, LED2_Pin, GPIO_PIN_RESET);
                        break;
                    default:
                break;
```

```
                    }
                }
            else if(USART_RX_BUF[5]=='o'&&USART_RX_BUF[6]=='f'&&USART_RX_BUF[7]=='f')
            {
                switch(USART_RX_BUF[4])
                {
                    case '1':
                        HAL_GPIO_WritePin(GPIOE, LED1_Pin, GPIO_PIN_SET);
                        break;
                    case '2':
                        HAL_GPIO_WritePin(GPIOE, LED2_Pin, GPIO_PIN_SET);
                        break;
                    default:
        break;
                }


            }
        }
        else if(USART_RX_BUF[1]=='c'&&USART_RX_BUF[2]=='m'&&USART_RX_BUF[3]=='d')
        {
            switch(USART_RX_BUF[4])
            {
                case '1':
                    HAL_GPIO_WritePin(GPIOE, LED2_Pin|LED1_Pin, GPIO_PIN_RESET);
                    break;
                case '2':
                    HAL_GPIO_WritePin(GPIOE, LED2_Pin|LED1_Pin, GPIO_PIN_SET);
                    break;
                default:
                    break;
            }
        }
    }
}
/* USER CODE END 1 */
```

usart.h 代码如下：

```
#include "main.h"
extern UART_HandleTypeDef huart1;


/* USER CODE BEGIN Private defines */
#define USART_MAX_LEN 200
extern uint8_t USART_RX_BUF[USART_MAX_LEN];



extern UART_HandleTypeDef huart1;
```

```
#define USART1_DMA_TX_SIZE 200
extern uint8_t USART1_DMA_TX_BUFFER[USART1_DMA_TX_SIZE];


#define USART1_DMA_RX_SIZE 200
extern uint8_t USART1_DMA_RX_BUFFER[USART1_DMA_RX_SIZE];


extern volatile uint8_t DMA_usart1_Rx_Size;
extern volatile uint8_t DMA_usart1_Rx_Flag;
extern volatile uint8_t DMA_usart1_Tx_Flag;
/* USER CODE END Private defines */


void MX_USART1_UART_Init(void);


/* USER CODE BEGIN Prototypes */
extern void USER_DMA_send(uint8_t *buf,uint8_t len);
extern void RevData_Process(void);
/* USER CODE END Prototypes */
```

stm32f1xx_it.c 代码如下：

```
#include "main.h"
#include "stm32f1xx_it.h"
/* USER CODE BEGIN Includes */
#include "usart.h"
/* USER CODE END Includes */
extern DMA_HandleTypeDef hdma_usart1_rx;
extern DMA_HandleTypeDef hdma_usart1_tx;
extern UART_HandleTypeDef huart1;
void NMI_Handler(void)
{
}


void HardFault_Handler(void)
{
  while (1)
  {
  }
}


void MemManage_Handler(void)
{
  while (1)
  {
  }
}
```

```
void BusFault_Handler(void)
{
  while (1)
  {
  }
}


void UsageFault_Handler(void)
{
  while (1)
  {
  }
}


void SVC_Handler(void)
{
}


void DebugMon_Handler(void)
{
}


void PendSV_Handler(void)
{
}


void SysTick_Handler(void)
{
  HAL_IncTick();
}


void DMA1_Channel4_IRQHandler(void)
{
  /* USER CODE BEGIN DMA1_Channel4_IRQn 0 */
    if(__HAL_DMA_GET_FLAG(&hdma_usart1_tx,DMA_FLAG_TC4)!=RESET)
    {
        __HAL_DMA_CLEAR_FLAG(&hdma_usart1_tx,DMA_FLAG_TC4);

        DMA_usart1_Tx_Flag = 1;
    }
  /* USER CODE END DMA1_Channel4_IRQn 0 */
  HAL_DMA_IRQHandler(&hdma_usart1_tx);
}
```

```
void DMA1_Channel5_IRQHandler(void)
{
  HAL_DMA_IRQHandler(&hdma_usart1_rx);
}

void USART1_IRQHandler(void)
{
    /* USER CODE BEGIN USART1_IRQn 0 */
      if(__HAL_UART_GET_FLAG(&huart1,UART_FLAG_IDLE)!=RESET)
      {
          __HAL_UART_CLEAR_IDLEFLAG(&huart1);
DMA_usart1_Rx_Size=USART1_DMA_RX_SIZE - __HAL_DMA_GET_COUNTER(&hdma_usart1_rx);
          HAL_UART_DMAStop(&huart1);
          for(uint8_t k=0;k<DMA_usart1_Rx_Size;k++)
          {
              USART_RX_BUF[k] = USART1_DMA_RX_BUFFER[k];
          }
          DMA_usart1_Rx_Flag = 1;
          HAL_UART_Receive_DMA(&huart1,USART1_DMA_RX_BUFFER,USART1_DMA_RX_SIZE);
      }
    /* USER CODE END USART1_IRQn 0 */
  HAL_UART_IRQHandler(&huart1);
}
```

本章小结

　　本章介绍了直接存储器访问，其是计算机系统中用于快速、大量数据交换的重要技术。本章着重介绍了 STM32F103 系列微控制器的 DMA 工作原理、DMA 相关的 HAL 驱动，最后通过一个实例介绍了如何配置使用 DMA。

思考与练习

　　1．DMA 的使用完全是自动的，完全不需要 CPU 干预，无须任何配置，这句话对吗？

　　2．STM32F103VET6 微控制器有几个 DMA？

　　3．DMA_IT_TC 是什么 DMA 中断事件类型？

　　4．DMA 的传输模式有几种？分别是什么？

参考文献

[1] 钟佩思，徐东方，刘梅. 基于 STM32 的嵌入式系统设计与实践[M]. 北京：电子工业出版社，2021.

[2] 高显生. STM32F0 实战：基于 HAL 库开发[M]. 北京：机械工业出版社，2018.

[3] 黄克亚. ARM Cortex-M3 嵌入式原理与应用：基于 STM32F103 微控制器[M]. 北京：清华大学出版社，2020.

[4] 意法半导体. RM0008_STM32F101xx,STM32F102xx,STM32F103xx,STM32F105xx 和 STM32F107xx 单片机参考手册[EB/OL]. (2021-02-23)[2022-04-15]. https://www.stmcu.com.cn/Designresource/detail/document/699481.

[5] 意法半导体. DS5792_STM32F103xC,STM32F103xD,STM32F103xE 单片机数据手册[EB/OL]. (2018-08-15)[2022-06-03]. https://www.stmcu.com.cn/Designresource/detail/document/696094.

反侵权盗版声明

　　电子工业出版社依法对本作品享有专有出版权。任何未经权利人书面许可，复制、销售或通过信息网络传播本作品的行为；歪曲、篡改、剽窃本作品的行为，均违反《中华人民共和国著作权法》，其行为人应承担相应的民事责任和行政责任，构成犯罪的，将被依法追究刑事责任。

　　为了维护市场秩序，保护权利人的合法权益，我社将依法查处和打击侵权盗版的单位和个人。欢迎社会各界人士积极举报侵权盗版行为，本社将奖励举报有功人员，并保证举报人的信息不被泄露。

举报电话：（010）88254396；（010）88258888
传　　真：（010）88254397
E-mail：dbqq@phei.com.cn
通信地址：北京市万寿路 173 信箱
　　　　　电子工业出版社总编办公室
邮　　编：100036